家养淡水观赏鱼

Domesticated freshwater Aquarium fish

馨水族工作室　编著

海洋出版社

2013 · 北京

内 容 简 介

本书用图文并茂的方式介绍了300余种淡水观赏鱼和200余种人工培育或自然突变的观赏鱼品种。几乎囊括了目前国内市场上能见到的所有观赏鱼品种，是观赏鱼爱好者买鱼、养鱼、繁殖鱼的重要参考书。

同时，为了言简意赅，用最小的篇幅和最容易理解的方式表达复杂难懂的观赏鱼饲养技术内容，本书采用图标的方式对观赏鱼的常规饲养技术进行介绍，使读者看了就懂，学了就会。

图书在版编目（CIP）数据

家养淡水观赏鱼 / 馨水族工作室编著. -- 北京 : 海洋出版社, 2013.10

（水族宠物系列丛书）

ISBN 978-7-5027-8668-7

Ⅰ. ①家… Ⅱ. ①馨… Ⅲ. ①淡水鱼类—观赏鱼类—鱼类养殖 Ⅳ. ① S965.8

中国版本图书馆CIP数据核字（2013）第229403号

责任编辑：常青青

责任印制：赵麟苏

海洋出版社 出版发行

http://www.oceanpress.com.cn

北京市海淀区大慧寺路8号 邮编：100081

北京旺都印务有限公司印刷 新华书店北京发行所经销

2013年10月第1版 2013年10月第1次印刷

开本：787mm×1092mm 1/16 印张：21

字数：152千字 定价：108.00元

发行部：62132549 邮购部：68038093 总编室：62114335

海洋版图书印、装错误可随时退换

前　言

佛经中说"一切和合事物皆无常"，就是告诉我们：世间所有事物没有永恒常存的，都会随着时间的脚步而消亡。而你和我却整日为了这些终究会消亡的事物而忙碌，只因为世界是那样的丰富多彩。佛静坐而长思，安闲不问世事。你我上班劳动，下班养鱼，忙碌终日。你说是佛快乐，还是我们快乐？

我愚钝，不解佛的用心良苦。沉迷于那些水中的小精灵，为此，付出了更多的辛苦。换水、喂食、消耗电费，只为鱼儿在水中尽情游戏。稍得闲暇便坐于缸边，痴痴地看，也不知道是在看什么。此刻抑或能与佛的静坐长思有了几分神似，须弥，则又开始为生计而奔忙。也许这就是生活，我们终究成不了佛，但一定要学会享受生活。

生活中的快乐，是对比产生的，而不是单独存在的。正所谓：没有黑就没有白，没有恨就没有爱，没有付出怎会有快乐呢？付出就是一种享受，正如养鱼。当你忙完了工作、家庭、学习等人之常务后，还要伺候水族箱里的鱼，为它们换水、喂食，清理它们的生活空间。只要你够勤奋，那些鱼就会绽放出绚丽的色彩，展现出矫健的身姿。于是你至少比回家就睡觉的人快乐，因为他们什么也看不到。那么，你就继续为鱼而劳作吧，虽然不是占用你每天大段的时间，但回报却很可观，因为你已经喜欢养鱼了。为了一件不是生存必须完成的事情而付出辛劳，乐此不疲，这就是享受生活，也是生活与生存的不同所在。

我们不否认其他享受生活的方式，比如"泡吧"、打游戏、养花、打球、开车兜风，或者到海边去晒晒太阳。但是，当你翻开这本书的时候，养鱼可能更适合你，因为你已经迷恋它到要买书学习的地步了。希望这本书能对你的养鱼爱好有所帮助，能让你体会到其间更多的快乐。

白　明

2013 年 8 月于北京

目 录

谨以此书：

献给已经洞彻了勤劳与快乐并存的朋友们……

什么是观赏鱼？

观赏鱼是一个非常广义的词，有的时候，我们真的很难说清它指的是哪些鱼。尤其是动物贸易非常繁荣的今天，大多数能被放进水族箱饲养的鱼都曾经或正在被作为观赏鱼销售。比如在巴西非常普遍的食用鱼皇冠三间，运输到中国和大部分亚洲国家就成为了高级的观赏鱼，而在中国宴席上频繁出现的鳙鱼（胖头鱼）活体运输到欧洲和美国，则成为了另类鱼类爱好者的收集对象。在北方河流中常见的狗鱼运输到南方就被称为“苏联火箭”，在南方沿海数量众多的高体双边鱼，运输到北方则成为了名贵的“大头玻璃”观赏鱼。总之，当前还有什么鱼不能当做观赏鱼出售呢？萝卜白菜各有所爱，有些人喜欢颜色鲜艳的鱼，有些人则喜欢相貌古怪的鱼，有些人喜欢稀少难得的鱼，有些人则更喜欢饲养一群平庸的小鱼。

但是，我们还是要给观赏鱼下一个定义的，因为并不是所有当做观赏鱼出售的鱼都真的名副其实。虽然，人的审美观是很难统一的，但审美的基本准则还是有的。我们经常会发现，有些鱼今年作为观赏鱼出售，明年就在市场上消声匿迹了。有些鱼作为观赏鱼只是一波潮流，不知道受到什么因素的影响，它们就突然火了，然后又嘎然离开了观赏鱼领域。这些都是不稳定的，它们应当不能算观赏鱼，因为，大多数人饲养它们并不是出于观赏的目的。有些是追赶潮流，有些猎奇斗富，有些则是突然脑筋一热就开始养了。

身为观赏鱼，至少要具备如下三个基本素质：

第一，必须拥有较长的观赏历史，经久不衰，甚至被人们所熟知。这里典型的品种有：金鱼、锦鲤、神仙鱼、红绿灯鱼、孔雀鱼等。它们都有上百年的人工饲养历史，并且一直到现在仍然是观赏鱼市场上的主流品种，世界观赏鱼贸易排行榜前几位的赢家。

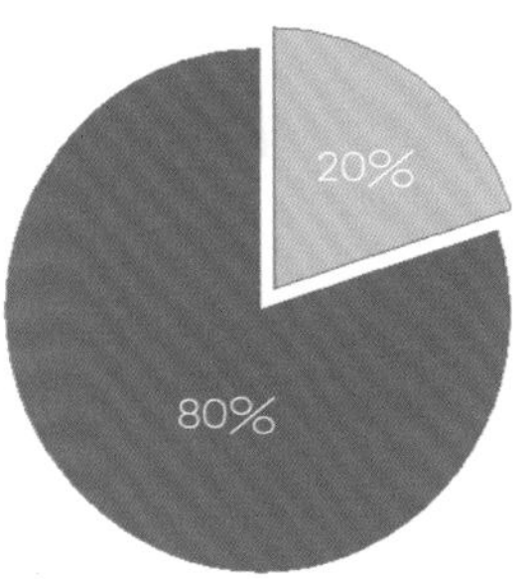

贸易中野生观赏鱼和人工养殖观赏鱼的市场比例

人工养殖

野生捕捞

第二，身上必须有人为干预的痕迹，有人的创造力在里面。不能否认，许多鱼原本就长得很好看，比如非洲慈鲷、亚洲的小鲤等。但我们欣赏他们就如同在动物园里欣赏斑马和老虎一样，我们只能被那些来自大自然的色彩和条纹感动，却不能体会到这些样式到底要告诉我们什么？人们创造的观赏鱼则不一样，事实上，有至少 50% 的贸易中鱼类是人为创造的。比如金鱼，它在人类近 600 年的选育、培育上，得到了巨大而成双的尾鳍、突出的眼球、浑圆的身体、高度发达的鳞片。这些特征都是其原种鲫鱼所不具备的。人们，为什么要把鲫鱼培育成金鱼的样式呢？里面显然存在了大量定向性的筛选和有意识的保留。只有那些符合培育者审美观的特征才会被保留下来。因此，古老的金鱼附带着丰富的东方哲学和审美观。七彩神仙鱼是类似于金鱼的例子，和金鱼不同的是，它最早由欧洲人培育。虽然在体型上较野生七彩神仙鱼没有什么变化，但在色彩上却得到了近乎梦幻的效果。你完全可以把一条七彩神仙鱼身上的图案想象成一幅后现代风格甚至是巴洛克风格的油画，人们利用这种鱼身上色点、色条和色块不同方式排列组合，制造空间、阴影、动感和视觉冲击力。与此类似的还有孔雀鱼、花罗汉、锦鲤等。

第三，必须是人工繁育的个体。虽然，有相当一部分人喜欢野生鱼类。但只有人工繁殖的鱼才能栖身主流观赏鱼的地位。原因很简单，观赏犬的

主要人工培育观赏鱼出现年代表

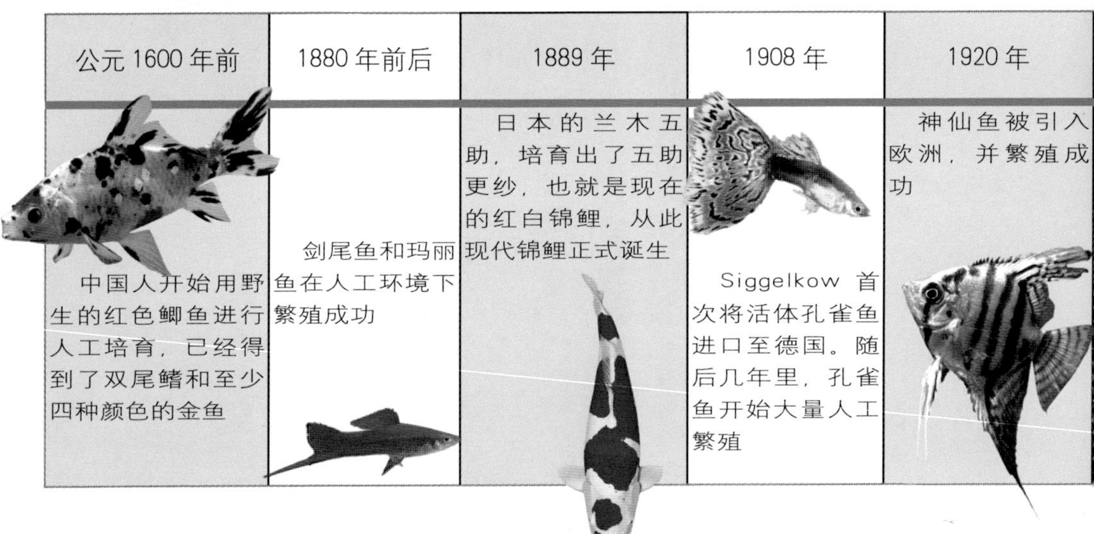

公元 1600 年前	1880 年前后	1889 年	1908 年	1920 年
中国人开始用野生的红色鲫鱼进行人工培育，已经得到了双尾鳍和至少四种颜色的金鱼	剑尾鱼和玛丽鱼在人工环境下繁殖成功	日本的兰木五助，培育出了五助更纱，也就是现在的红白锦鲤，从此现代锦鲤正式诞生	Siggelkow 首次将活体孔雀鱼进口至德国。随后几年里，孔雀鱼开始大量人工繁殖	神仙鱼被引入欧洲，并繁殖成功

祖先是一种类似亚洲的胡狼的动物，也有人认为是狼。不管怎么说，京巴狗、贵妇犬都可以被称为观赏犬，但狼和胡狼却永远不行。即使，我们在动物园里看到它们也觉得很漂亮，但它们并不适合在人工环境下生存。鱼也一样，饲养观赏鱼应当是让人放松的休闲爱好，而不能让饲养者变成天天辛苦忙碌的动物园饲养员。野生鱼相对人工繁育的鱼来说，对人工环境的适应能力很差，一旦到了人工环境就会变得非常紧张、胆怯。它们难以接受人工饲料，多数还携带有寄生虫。这些野生动物，还没有经过驯化。不论我们是否要改变它们的颜色和外观，至少，它们要经过多代的驯养，达到不怕人、不怕四面玻璃的水族箱环境后，才能进入真正的观赏鱼队伍。

那么真正的观赏鱼有多少呢？很多，目前至少有 200 ~ 300 种的鱼是人工培育的纯正观赏鱼，它们在水族市场上非常容易得到，大多并不是很昂贵。它们可以让你充分享受养鱼的快乐，而且不会耗费你太多的经历和金钱。

其他那些鱼该算什么呢？除去少数能吃或非常好吃的品种应当归纳到水产品的行列中，其余市场上作为观赏鱼出售的野生鱼都应当算是鱼类收集爱好者的收集对象。鱼类收集也是一种非常普遍的爱好，我们经常会把鱼类收集和饲养观赏鱼两种爱好混淆在一起，其实这两种爱好的原始初衷和最终结果是完全不一样的。

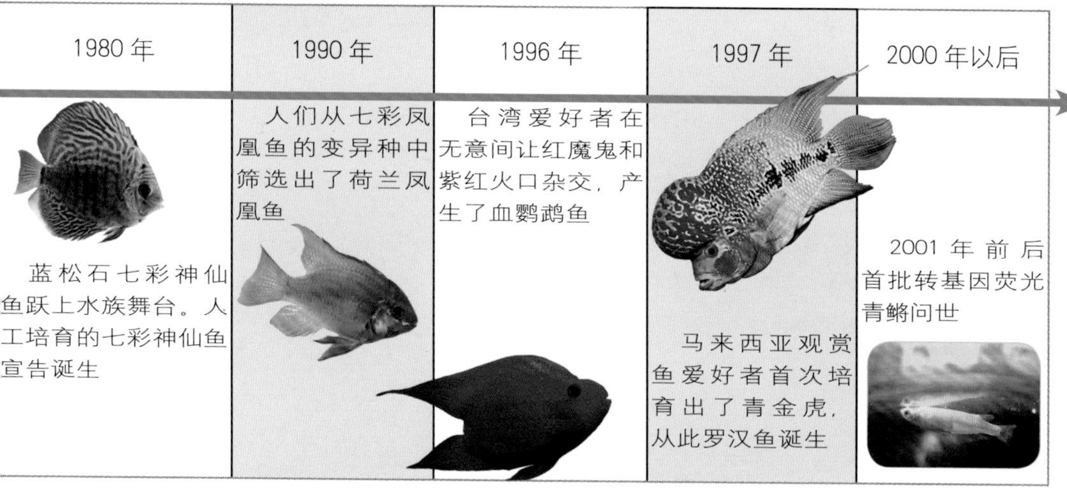

你是观赏鱼爱好者吗？

不管怎么说，当你翻开这本书的时候，你肯定是一位养鱼迷，否则，你怎么会花钱购买一本专门写鱼的书来看呢？而且，你的养鱼经历注定不平凡，因为平凡的养鱼人，是不会花费时间和金钱在学习养鱼技术上的。对于他们来说，一缸鱼只是家中的一抹点缀，有也成，没有也成。不忙的时候看看，忙的时候就把鱼抛到脑后了。当所有的鱼都死掉了，再去鱼店里购买。在购买的时候，会向鱼店老板抱怨："我怎么老养不活鱼呢？哪些鱼更好养啊？"对于他来说，所得到的唯一技术，就是鱼店老板在兜售某种鱼时，顺带告诉他几句模棱两可的话。这就是最普通的养鱼者，他们买鱼就如同在花店里买鲜花，在花瓶里插放几天后花就会枯萎，而鱼在他的水族箱中游几天后就会死亡。

你肯定不是上面那种，因为你已经开始在学习技术上投资了，相信我，买一本书，能为你节省大部分日后买鱼的钱。真正的养鱼，就如同养盆栽花卉，经过精心的呵护，它们不但不会死亡，还会生根发芽，绽放出层出不穷的花朵。

养鱼爱好发展到今天，至少演变出了三个分支：鱼类收集爱好、鱼类培育爱好和水族箱景观爱好，在亚洲还有一种被动的养鱼爱好，那就是风水养鱼。

19世纪鱼类收藏者的私人鱼室

鱼类收集爱好

现在的绝大多数观赏鱼在它们刚被发现的年代里，都是一种鱼类收集者的收藏品。比如孔雀鱼、七彩神仙鱼、神仙鱼等，它们最早被作为新大陆的奇特生物，由一些博物爱好者从南美洲带回欧洲。经过几十年的人工繁育，它们成为了最普通的观赏鱼。而鱼类的新品种总是层出不穷地被发现。于是一批批的鱼类收集爱好者乐此不疲。南美洲的亚马孙河流域、东非三大湖、东南亚的众多岛屿以及整个热带海洋孕育了取之不尽的水生动物。人类科技越发达，发现新品种的机会就越多。有些品种还没有来得及被科学家命名，就早以成为了观赏鱼贸易中的常客。比如南美洲的骨甲鲇类（异型）、加拉辛类、东非的慈鲷、东南亚的小型鲤类等。因为没有学名，人们不得不在贸易中采用编号和地区名的方式，如：骨甲鲇类全部采用“L”编号，加拉辛类则在名称前冠以捕捞地的名称，比如圣塔伦、求诺、阿兰卡、申谷等。越是这样没有名字的动物，越招鱼类收集者的喜爱。

鱼类收集者并不重视鱼类是否美丽，而更重视它们是否独特，是否生长得很奇怪。在鱼类收集这个爱好中，一般会有三个不同的发展阶段。

1. 收集怪鱼

这是鱼类收集爱好的初级阶段，这种爱好者的家中就如同拍摄《探索发现》节目的现场，什么样的怪鱼都有，而且他还会一掷千金地去收集自己还没得到的品种。

2. 只收集某一科或某一属的鱼类

这是鱼类收集爱好的第二个阶段，骨甲鲇、鲇、加拉辛以及骨舌鱼目的成员是当前炙手可热的收集品种。通常这些目、科或属中会有数量庞大的分支，而每一个分支都具有相对独立的特性。特别是亚马孙河和东非三大湖，在那些水域里，同一科的鱼类，甚至可以演化出完全不同的生活方式和外表特征。使人们争相收集，感叹物种多样性给大自然带来的无限生机。要想达到这个阶段，爱好者必须具有非常专业的分类学知识，而且要对所收集物种的原生地情况了如指掌。那些用来收集的鱼都很昂贵，因为它们捕捞数量小，客户群单一。于是不懂的人也跟着盲目收集，一来显示自己的富有，能购买万元以上的鱼；二来希望通过时间的发展，所收集的鱼要么繁殖要么升值，带来可观的利益。其实，如果你不能享受到分类学和归纳法给你带来的快乐的话，收集鱼类想要得到的任何其他回报，都是痴人说梦。

3. 亲自到原生地区采集

体会博物学家的感觉。这是鱼类收集爱好的最高境界，也是最高享受，是生态旅游和养鱼爱好的结合。目前，只有极少数人能享受这种爱好带来的快乐，因为消费实在太高了。虽然，巴西、阿根廷、马拉维、赞比亚、马来西亚、印度尼西亚以及越南等国家目前都开放了这种旅游项目，爱好者只要报团就可以参加野采活动。但活体鱼类的过境运输并不是简单的事情，检疫、暂养和中途转运都是花费很高的项目。一些旅行团组织者会提供这方面的服务，但钱还是要爱好者自己出。况且，盛产观赏鱼的热带地域都是蚊虫滋生的潮湿国度，为了预防登革热、疟疾等疾病，参团者在启程前的半年要提前注射多种疫苗。

当代鱼类收藏者的私人鱼室

鱼类的繁殖总能给人带来惊喜

鱼类培育爱好

这是养鱼爱好者中主流也是最普遍的一个类型。早在600多年前，中国的古人就开始定向选育红鲫鱼，用那些选出来的变异个体进行繁殖，得到更丰富的品种。饲养者因此得到快乐。中国清朝时期的金鱼著作《朱鱼谱》中就阐述了这种定向培育会给饲养者带来无比的惊喜。

多数鱼类都是非常容易在人工环境下繁殖后代的，它们没有爱情，记忆力也很差，只要将雌雄共蓄在一个容器里，日久就能繁殖。生物学和基因学已经为我们解释了物种的变异无时不在，而且层出不穷。只要繁殖数量够多，再加上刻意的人工筛选，用选出来那些与其父母有差别的鱼再进行繁殖，就有可能得到稳定的新花色。金鱼、神仙鱼、七彩神仙鱼、孔雀鱼、剑尾鱼、锦鲤、荷兰凤凰等，都是这样得到的。现在，世界上每年都有几十个人工培育的观赏鱼品种问世，而许多人也迷恋于观赏鱼的培育中。

观赏鱼的培育可以为鱼注入人为的意识，用自己的审美观塑造一种有生命的艺术品。但这并不是容易的事情。和鱼类收集爱好一样，鱼类培育爱好也分为三个阶段。

1. 繁殖观赏鱼

当你饲养的孔雀鱼第一次在你家中产仔的时候，你会怎样？如果你非常高兴，并且每天都到鱼缸边观察小鱼的生长状态，那么恭喜你：你有观赏鱼培育爱好的潜质。孔雀鱼是最容易繁殖的观赏鱼，它们繁育周期短，而且是卵胎生。但是，这是鱼类培育爱好者迈出的第一步。之后，他们会尝试繁殖更复杂一些的品种，比如神仙鱼、慈鲷，金鱼等，然后再复杂一些，小鲤类，如虎皮鱼、斑马鱼、黄金条等是一个飞跃阶段，当爱好者能在家中繁育这类鱼后，就要进入特别复杂的类别了，比如需要特殊软水的红绿灯鱼、七彩神仙鱼、红鼻剪刀鱼等。每增加一次难度，爱好者都会在实验繁殖中体会一遍科研实验工作的辛酸苦辣，而没有苦就没有甜。当你整日忙碌地换水、调水质、捞鱼虫、为小鱼做强化培育时，你会感到无比劳累，特别是在上了一天班以后干这些事情。但当那些小鱼真的生长起来后，你会感觉它们就如同你的孩子，那种快乐是很难用语言形容的。

2. 杂交观赏鱼

当一位爱好者已经能熟练地繁殖多种或某一类型的鱼类了，他可能会尝试一下同品种间不同花色的杂交，这是关键的一步。有些人一辈子也不会干这种事，有些人则在养鱼不到两年后就开始做这个实验。这是繁育观赏鱼爱好的第二个阶段。它面临的挑战更大，但成功后的喜悦更多。杂交并不是稳妥的事情，其中充满了风险。多数情况下，两种不同花色的鱼杂交后产下的后代都不伦不类，而且会返祖，变得比他们

看到幼鱼，让我们感到充满希望

的父母难看许多。可是，鱼幼小的时候长得都是一样的，很难分辨好坏。只有接近性成熟后才能知道这次杂交是成功还是失败。如果失败了，你同样已经花费了与培育一批正常鱼苗一样的金钱和精力。那是非常懊恼和悲伤的。不过，杂交观赏鱼的快乐就来源于永不放弃的精神。有信心的爱好者会继续尝试，杂交时，同窝中每条鱼的品质都不一样，关键看它们如何继承父母的优缺点。直到有一天，你会发现在杂交了多次后终于有几条小鱼长得出类拔萃，比它们的父母要好看很多。你成功了，还有什么能比这更快乐吗？这是一种成长的心路历程。杂交和单种的繁殖不同，要经过多次失败的积累，当你的沮丧和烦躁已经快达到极点的时候，一个成功，就如同久旱后的甘露，瞬间扫除了所有苦恼，快乐就是这么简单。当然还有些爱好者甚至挑战跨品种杂交，这种的成功几率就更小。不是所有动物都能像驴和马那样生出骡子来。大自然的“物种封锁令”是非常严格的，必须细心观察，反复尝试，加上一点儿运气，才会找到“封锁令”的漏洞。这就是最高级的玩，名叫“玩科学”。

3. 培育新品种

爱好者尝试杂交成功后，就必然会走入第三阶段，选育或者培育，也就是让通过自己努力杂交出的观赏鱼后代继续繁殖，得到稳定的基因遗传，最终宣布自己创作的新物种问世。这是更难的事情，多数情况下，杂交个体基因极不稳定，在其后代中返祖现象十分明显。也就是说，你辛苦杂交出的鱼，产下的后代要么像它爷爷，要么像它奶奶，要么谁也不像，就是很难随它父母的模样。这个时候，要大量尝试繁殖，认真筛选，适当进行回交。也就是用小鱼与其父母杂交，增强你喜欢的那部分遗传基因。即使这样，成功也是非常缓慢的。一个新品种从初次选育出来到彻底基因稳定，少则五六年，多则几十年，耗尽人的一生。但是，只要拥有了这一爱好，你所得到的快乐也是一生享用不尽的。

通常，观赏鱼新种培育主要集中在孔雀鱼、金鱼、锦鲤、七彩神仙鱼、神仙鱼、荷兰凤凰、灯鱼等品种中。其中孔雀鱼所需的时间最短，一般 3 ~ 6 年就能完成。美洲慈鲷、非洲慈鲷基因很不稳定，新品种从选育到稳定要十几年甚至几十年。

水族箱景观爱好

这种爱好者也是养鱼爱好者里为数可观的一个派别。水族箱景观爱好者不再追求养什么鱼，而是追求水族箱中景色的变化和与众不同。典型的水族箱景观爱好包括水草造景爱好、礁岩生态缸爱好和水族箱拟景爱好。

1. 水草造景

水草造景是当前养鱼爱好中很火爆的一类，大多数人第一次来到水族店，都会被水草造景缸所吸引。水草造景从最早的水草栽培和水族箱装饰演变而来，大概有 100 多年的历史。起初，人们只是在养鱼的同时，种植一些水草，这些水草既是水族箱中不错的点缀，又能净化水质。之后，一些人迷恋上了奇特的水生植物，很多水草有优美的叶片，甚至生长得很怪异。于是像收集鱼类一样，到了 19 世纪末，同样有人收集水草。水草的栽培技术日益成熟，很多人放弃了饲养观赏鱼，只在水族箱种植水草，欣赏由不同水草组合所带来的优美景观。

当今，水草造景分成两个主要的派别："水下

从 20 世纪中期开始，水草造景就一直吸引大多养鱼者的注意力

园艺”和“自然水景”。水下园艺最早诞生于欧洲的荷兰和丹麦，也称荷兰式造景。这两个花卉业发达的国家，在处理水生植物上更是别出心裁。他们把水草当做微缩的园林植物来饲养，通过分区栽培，定期修剪，达到一种水下园林的境界。这种活动早在1950年前后就曾经火爆一时，许多不能拥有自己私家花园的人们，开始饲养这种水族箱，让客厅里拥有一个微缩的花园。

到1985年以后，水草栽培和造景风潮传播到了亚洲，吸引了同样喜欢园林设计的日本人。从而诞生了另外一种水草造景风格——“自然水景”。自然水景在水下园艺的基础上，为水族箱中增加了沉木和石头，使水族箱内景观看上去能有山峦叠张、幽谷深潭的感觉。这种设计大大借鉴了中国古老的山石盆景设计和日本庭院设计的原理，给人很强的透视空间感觉。一下子“火”遍了全世界。因为其最早诞生于日本，也被称为日本式造景。随着这种造景的发展，在石材、朽木的利用上越来越频繁和有侧重，而且这种技术目前在中国得到了更深层次的发展，逐渐演变成了水下盆景。

不论是水下园艺还是自然水景，目前都有相当完善的设计理念和评审体系。每年世界各国都会举办各种不同的造景比赛。一些国家还组织了民间的社团，比如“水下园丁协会”或“水草造景俱乐部”等。

2. 礁岩生态缸

这是一种利用海水无脊椎动物（主要是珊瑚）和海洋岩石来制造水族箱景观的一种爱好。与水下园艺类似，通过珊瑚在人工环境下的快速生长，再经人为刻意修剪，达到一种胜于自然的美丽。目前礁岩生态缸爱好最风靡的国家是美国，其次是欧洲国家、日本等。这种爱好虽然和水下园艺类似，但花费非常多，而且对技术和设备的要求更高。礁岩

礁岩生态缸，家中的大堡礁

生态缸内饲养的珊瑚主要是小水螅体珊瑚（SPS）以及少量的类珊瑚、纱巾类。只有这些珊瑚，才能在人工环境下通过体内虫黄藻的光合作用良好生长，我们在市场上常见的大水螅体珊瑚是不行的（比如尼罗河、宝石花、榔头等），这些珊瑚似乎更廉价更好养，但它们活不长也不可能生长。礁岩生态缸爱好者们大多会组织自己的俱乐部，通过珊瑚断肢的交换达到互通有无的目的。在家中制造一座大堡礁，想想那是多么快乐的事情。

3．水族箱拟景

水族箱拟景最早是由公众水族馆流传到民间的一种爱好，提供公共展示的水族馆从19世纪末开始就重视水族箱中景色的布置，他们用人工材料模拟出河床、溶洞、湖底和暗礁的样式，在其间饲养相应环境中的鱼类，人们欣赏的时候，如同置身水下。这种技术一传到民间，就被广泛的使用，发泡材料和树脂涂料是最常用的东西。另外，在大型景观设计上还会用到混凝土和玻璃钢。与用真实的水草、珊瑚造景不同，用人工材料造景突出的是“逼真程度”。设计者不会考虑园艺、绘画和盆景的方式，他们做的就是想将大自然的一部分完全复制下来。这种爱好，很像第二次世界大战结束后，孩子们通常和父亲一起玩的兵人玩具，他们用土或发泡材料制作出战争场景，然后把塑料士兵摆放在期间，时而进攻，时而撤退。

拟景爱好者可以把泡沫塑料制作得看上去和岩石一模一样

不论是鱼类收集、鱼类繁育还是水族箱造景，这些爱好发展到最高境界都是一种交流的快乐。鱼类收集者在最后会频繁参加集体探险性野外捕捞，在旅途中拥有共同爱好的人们用只有他们自己才能听得懂的语言快乐交流；鱼类培育爱好者在完成选育和培育后，就会主动参加各种观赏鱼比赛，在比赛中看一看自己“作品”的受喜欢程度，同时和制作其他作品的人们交流意见；水族箱造景爱好者，来得更直接，只要他们制作好了一个水族箱景观，就可以拿出来给大家评论。最简单的方式是把照片发送到互联网上，更专业的则会报名参加各种比赛，以获得大奖为最大的快乐和荣耀。

最后，我们来说说风水养鱼，风水养鱼本身和养鱼爱好没有什么关系，通常这些养鱼人并不是真的喜欢鱼，而是出于发财、免灾、增福等心理。在风水中，水既是财，流动的水就是滚滚的财源。只要在水中有鱼游动，那就是活水，活水在东南方，是最利于财源广进的。因此，忠诚信奉风水的人们，比如东南亚人、南方中国人等，都喜欢在家中、商场、办公室内饲养一缸鱼。当然，这些鱼要具备两个重要的特征，一是非常好养，二是颜色喜庆。红色的杂交鱼血鹦鹉符合了这个特征，作为杂交种，它非常强健，而且本身是一种红色的鱼。“招财鹦鹉”和“财神鹦鹉”被马来西亚人大肆宣扬，很快就风靡了整个亚洲。同时，作为风水鱼的还有亚洲龙鱼（红龙发财、金龙升官）、花罗汉（挡灾去祸）等。当然，这只是一种美好的憧憬，幸福还需要自己的努力。我们看到了事物的一面却没有看到另一面。比如：血鹦鹉鱼虽然浑圆火红，但它们没有后代。也就是中国传统说法中的“绝后”。相信如果有人听到这个解释后，就会不那么喜欢用血鹦鹉来调理风水了。所以，科学往往和风水不能放在一起说。当然养鹦鹉鱼既不能为你带来额外的财富，也不会让你绝后。鱼就是鱼，不是神仙，也不是妖怪。

观赏鱼是怎样练成的？

前面提过，大多数观赏鱼是人工培育的，那么这些观赏鱼品种是怎样形成的呢？除去现在还流行的一些原始野生形态和目前新加入的野生品种外，很多鱼是在人工饲养下经过色彩筛选、体型筛选、鳍筛选和多重筛选培育出来的。观赏鱼品种被饲养的历史越悠久，其被筛选出的品种也就越多。另外，2000 年以后，基因移植技术的使用，也让我们得到了几种奇异的鱼类。

鱼是最低等的脊椎动物，动物越低等，其基因就越不稳定，越容易产生突变的个体。这个概念可能不太好理解，我们可以纵观一下比鱼高等或比鱼低等的生物。比如花卉，花店里的兰花和月季大多是在人工培育中变异保留下的品种，蝴蝶兰花朵的变大、月季花花色的繁多，都是变异。这种变异在自然界中会被淘汰，而在人工饲养下，却受到保护被刻意保留。于是新品种的花就诞生了。达尔文曾经用家鸽的现象阐明了人工选择对自然物种变异的影响，球胸鸽、白鸽、扇尾鸽在自然界中都是无法生存的，它们的形体过于特化，不能很好地躲避敌害，也很难寻找食物和配偶。自然选择会淘汰它们，但喜欢怪异生物的人类却把它们保留了下来。

鱼也是一样，金鱼、大尾巴的孔雀鱼、球形的血鹦鹉只要被放逐到河流中就很难存活下来。金鱼和孔雀鱼即使活下来繁殖后代，集成了它们美丽基因的后代也会因为游泳速度慢，而被自然淘汰。最后能活下来的只有那些返回到祖先形态，小尾巴、长身体、游泳速度快的个体。

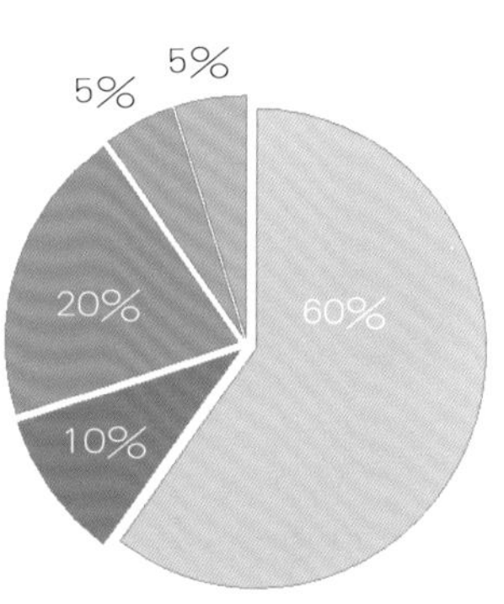

人工培育观赏鱼各种变异出现的比例

- 白化
- 其他色变
- 脊柱变形
- 鳍变长
- 其他变异

颜色的变异和筛选

颜色变异是家养鱼类中最常见的变异，每一个门类的观赏鱼中都存在着大量的颜色变异品种。颜色变异分成色素缺失和色素过度凝聚。色素缺失最常见，普遍能看到的就是白化个体。比如：孔雀鱼的白化类型“红眼孔雀”，七彩神仙鱼的白化类型“赤瞳”，黑十字鱼的白化类型“金十字”，多鳍恐龙鱼的白化类型“金恐龙”等。白化现象比比皆是。白化个体是鱼身体上所有色素消失的表现，视力弱，嗅觉也不灵敏。在自然界中会马上被残酷的自然竞争所淘汰。而人工环境下，却得到了刻意保留。白化性征相对普通性征是纯隐性的基因，只有雌雄都是白化的个体，才能产出白化的后代。但人工繁殖下，白化个体却频繁出现，得到两条变化的亲鱼并不太难。而鱼是没有伦理观，也不怕近亲结婚的动物，所以，只要有一对白化亲鱼，它们就能生子生孙，子孙无穷尽矣！

除去白化，还有色素不同程度缺失的品种，比如黄化、浅色型等，这些特性通过与同特性的鱼或者与白化种杂交也能稳定下来，于是鱼的花色就更丰富了。与完全白化不同，黄化和浅色型的瞳孔颜色没有消失，它们的眼睛是正常褐色而不是血红色。白化、黄化和浅色型，在观赏鱼里，通常用白、金、雪三种命名方式命名。比如银龙的白化种称为雪龙、珍珠玛丽鱼的黄化种被称为金玛丽，咖啡鼠鱼的色种称为白鼠。这些鱼给人亮丽而高洁的美感，是很受欢迎的。目前，白化种的观赏鱼至少有 100 种以上。

色素沉淀和色素局部沉淀也是一种获得新观赏鱼的途径，这种变异也时常出现，最典型的例子是黑神仙鱼和黑色的金鱼，它们的野生个体并不具备全身乌黑的性状，它们是在人工繁育下黑色素过度凝聚到鳞片上的变异个体的后代。也可能在漫长的观赏鱼繁育历史中，只有那么一对神仙鱼，出现了鳞片色素过重的特征，然而，它们恰恰被我们保留了下来。

体型的变异和筛选

观赏鱼体型的变异主要是变短，也就是脊柱骨节愈合，或脊柱变形。这种变异在动物中也很常见，人类中也会有生下来就脊柱弯曲或者患有矮小症的个体。典型的由于脊柱变形而被筛选保留下来的观赏鱼也很多，最常见的就是金鱼和血鹦鹉，除此之外，大多数球形观赏鱼都是脊柱变形的遗传基因在作怪。比如：球玛丽、球银屏灯、球丽丽鱼、球红苹果鱼、波仔凤凰（波仔是香港语丸子的意思）等。

鳍的变异和筛选

鳍的变异主要是变长变大。在变异中变小变短也应当会发生，但这种变异不能提供给人感觉更美丽的要素，所以，多数不会被人为保留。鳍变长变宽的例子也很多：比如金鱼、龙凤锦鲤、凤尾红箭、孔雀鱼、长尾斑马鱼等。

金鱼是观赏鱼中相对原种变异最多的品种

伟大的金鱼

金鱼是世界上唯一一种全身性状变异的观赏鱼，其他观赏鱼最多只能具有两种变异。比如：球荷兰凤凰鱼只是体型和色彩的变异，龙凤锦鲤只是颜色和鳍的变异。金鱼具有鳍变异、体型变异、颜色变异、鳞片变异、眼球变异、眼下皮层变异、鼻瓣膜变异、鳃盖变异、唇变异、头部皮肤变异甚至肠道变异等复杂的特征。这除了和其亲体鲫鱼具有高度不稳定的基因以及金鱼的培育历史悠久有关系，还证明了中国人，这个农耕民族在取得食物上自给自足的传统思想。当古代的欧洲人疯狂地到南美洲、非洲和东南亚采集各种各样的野生鱼时，中国的古人却在潜心尝试把一种鲫鱼改变成各种各样的形态。虽然，古代的中国人没有见过大自然筛选出的各种生物奇葩，但却通过智慧和勤劳，自己筛选出了复杂于大自然造物的“新物种”。

科技使人进步

基因技术发展到今天，人们似乎已经不能再静心等候人工繁殖鱼类的缓慢变异了。取而代之的是更快捷获得观赏鱼的方法——转基因技术。目前所制作的转基因鱼主要是利用植核技术，将某些基因片段植入观赏鱼卵的细胞核中，使孵化出的鱼具有植入基因的特征。最典型的就是荧光鱼。人们将珊瑚荧光基因片段植入了青鳉、斑马鱼、黑裙鱼的卵细胞核里，就得到了荧光青鳉、荧光斑马鱼和荧光宝贝鱼。当然，这种操作远不是只为了得到一种新型观赏鱼，而是复杂基因实验工程中的一个小实验。

工欲善其事必先利其器

不止一次有人问过我，“我养的鱼为什么总死？”我现在要很郑重地强调：你干嘛不在过滤器上多花些钱？请相信我，并牢记：在科技发达的今天，一台良好的过滤器不但可以让你的鱼生活得很好，而且会让你感觉养鱼其实很简单。

请在养鱼前认真阅读以下的文字，如果你没有经验，请照着做，这样养鱼的快乐一定会属于你。

①现代的过滤器并不费电，远比电视、冰箱、空调省电得多，支持一个容积 200 升水的家庭水族箱的过滤器，其功率也就和台灯差不多。一定把过滤器 24 小时开着，不要关它，如果你嫌晚上水流的声音吵，可以选择沉水过滤器或购买好一点儿品牌的产品。一旦过滤器被关闭，水中缺氧和水质变坏的问题马上接踵而来，你的养鱼爱好就此被毁灭。（关于过滤器的选购，我们在系列丛书《家庭水族箱》中有大篇幅介绍，

如果拿不定主意，可以参照上面的意见。）

②过滤器不仅仅是把鱼的粪便筛离在过滤棉上那么简单，实际上，鱼的粪便对鱼本身没有什么危害。当这些粪便被真菌、细菌分解成氨（尿素的主要成分）才是鱼的致命威胁。去除氨的方法是利用附着在过滤器滤材上的消化细菌，而这些有益的细菌需要比较大的生存空间。单纯只能存放一片过滤棉的过滤器，只是糊弄人的。请选用可以存放陶瓷环、生化棉、生物球的过滤器。这些才能给硝化细菌一个良好的生长繁衍空间。

③清洗过滤棉时不要清洗陶瓷环、生化棉和生物球，附着在上面的硝化细菌会被自来水中的氯杀死。如果要清洗这些生物过滤材料，一定用水族箱中换出来的老水冲洗。

④换水永远是必要的，定期换水，鱼才能生长得良好。过滤器只能将氨分解成硝酸盐，但硝酸盐会在水中大量沉积，达到一定的数量后，也会对鱼造成危害。只有换水能带走硝酸盐，建议你每周定期为水族箱换水 20%。

⑤不到万不得已，不要轻易给水族箱内添加杀菌水等药物，硝化细菌同样会被杀死，水质恶化造成的鱼类死亡，远比细菌感染多。

内置过滤器和底部过滤器是既安静，又可以大量培养硝化细菌的器材

如何使用本书

本书是按照分类学和归纳法的方式，将观赏鱼分成 10 个大类，每一种观赏鱼占用一个页面的位置进行介绍。由于篇幅所限，常规性介绍采用图标的方式。以下引用书中的一页进行说明。

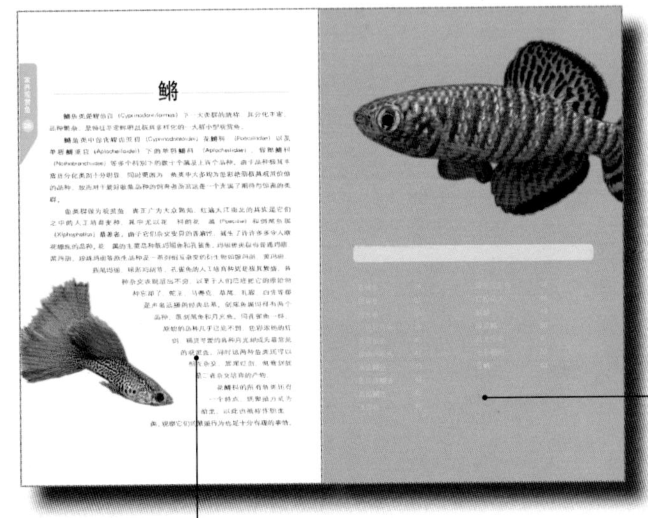

接下来要介绍类别鱼类的索引目录

一个类别鱼类的综合分类学介绍以及文化渊源

绿色边框为自然物种或自然物种的人工变种

红色边框是人工利用两种或两种以上鱼类杂交或多次杂交得到的观赏鱼

页码

学名：该物种唯一的科学名称

分类学：该鱼的分类学地位，由于不是搞分类学研究，只细化到科。一般同科的鱼具有类似的特性

常用名称：观赏鱼市场上最常用的名字

雌雄符号：♂为雄性标识，♀为雌性标识

基本饲养信息：养鱼常用的技术参数

非常规饲养信息：包括文化历史、繁殖和饲养中的特别注意事项

变种与人工培育：该品种的野生及人工培育下的稳定变种

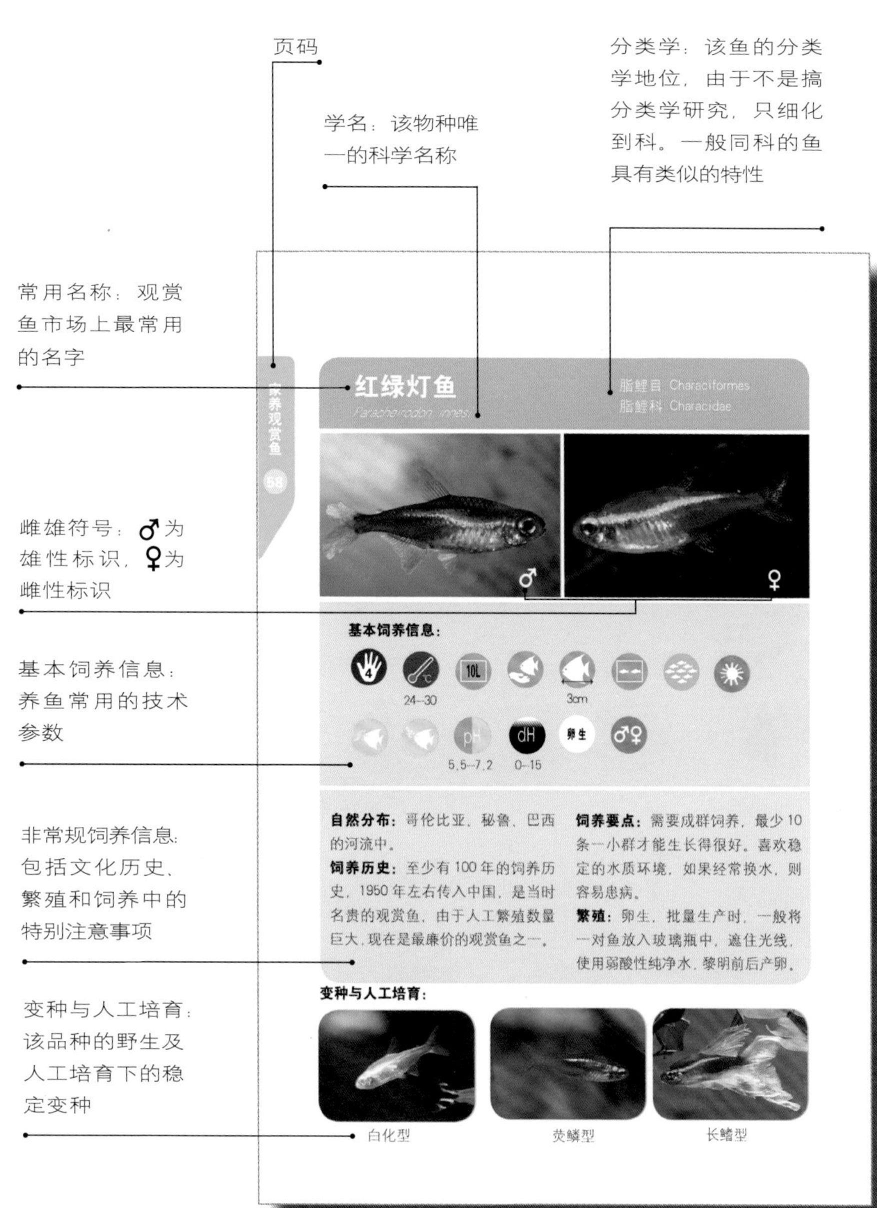

图标说明

难易度指标

饲养难易度说明，分为 10 个等级，1 为最容易，10 为最困难。鱼难以饲养的原因，主要是由该鱼的体质、环境适应能力、对饵料的适应能力等决定。通常野生鱼类要比人工繁育的个体难于饲养。

饲养温度

单位为摄氏度，表示该鱼所适应的水温范围。大多数鱼类能适应一个比较广泛的温度范围。热带鱼最好饲养在 20℃以上，冷水鱼类则最好不高于 22℃。不论适合怎样温度范围的鱼类，都不能忍受昼夜温差超过 4℃。

需要饲养空间大小

单位为升（L），表示该鱼所需要的最小饲养水量。水族箱各边长用厘米作为单位时，饲养水量的计算方式为：[水族箱长（厘米）× 宽（厘米）× 高（厘米）]/100。饲养空间的大小和鱼体型大小及活动习性有关系。大型鱼需要更大的水体空间，小型鱼中擅长快速游泳的鱼也需要比较大的空间。有些鱼虽然比较大，但很少游泳，因此需要的空间略小一些。

商品鱼来源

表示市场上销售的该种鱼的主要来源。

 主要依靠原产地捕捞  主要依靠国内养殖  主要依靠从国外养殖场进口

最大体长

单位为厘米（cm），表示该鱼能生长的最大体长，由于大多数鱼终生都在生长，所以只要寿命够长就能生长得很大。一般鱼在性成熟前属于快速生长期，成熟后生长很缓慢。但年龄大的鱼即便个体体长不变，也会越来越肥胖，而且颜色较幼体更鲜艳。

活动区域

表示鱼在水族箱中的活动区域。鱼喜欢的区域，由它们的食性决定，喜欢捕食水面上生物的鱼类，喜欢在上层游泳。喜欢翻取沙子中食物的鱼类，喜欢在下层活动。

 喜欢在上层活动　 喜欢在中层活动　 喜欢在下层活动

生活习性

表示该鱼的生活方式，是否孤僻、是否群居、是否成对生活、是否具有攻击性等。

 具有攻击性，最好单独饲养　 成年后成对生活　 群居性

 同种间争斗明显，通常是雄性间领地性很强，一个水族箱中只能饲养一条雄性

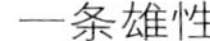

 不具有攻击性，可以和不同种类的鱼混养在一起。但要注意体型差异，不论多么温顺的鱼，都喜欢吃掉可以吞入口中的小鱼

觅食习性

 昼行性  夜行性

食　性

表示鱼喜欢吃什么东西，因为大多数鱼是杂食性，会有多个图标，标注在第一位的是该鱼最爱吃，也最适合吃的饵料。

 吃鱼虫和冻鲜饵料

包括：水蚤、丰年虾、红虫、线虫等鲜活的动物性饵料。

水蚤

丰年虾

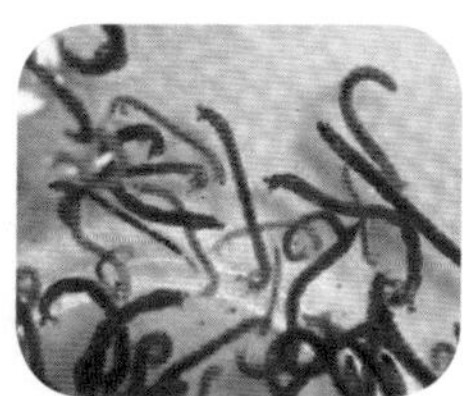
红孑孓（红虫）

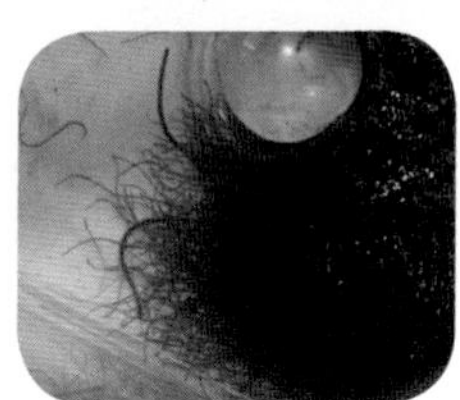
丝蚯蚓（线虫）

人工颗粒饲料

人工薄片饲料

 吃藻类、草和其他植物性饵料

 吃小型鱼类和大块的鱼肉，虾仁等

 吃各种人工干燥饲料，比如：人工颗粒饲料和人工薄片饲料等

适宜酸碱度范围

酸碱度也称 pH 值，大多数鱼喜欢生活在中性的水中，南美洲的鱼类偏好弱酸性，东非慈鲷偏好弱碱性。

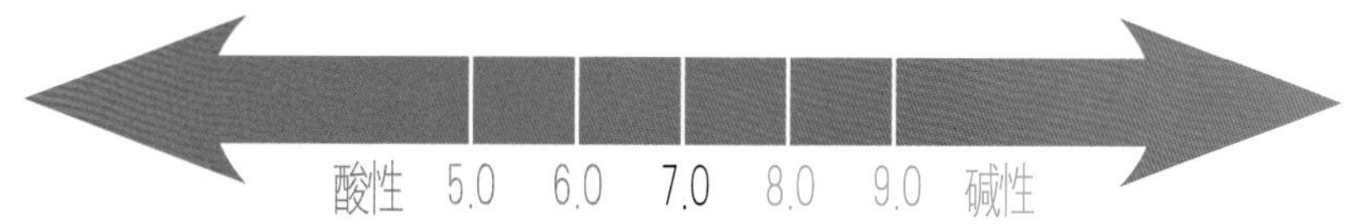

dH

适宜水硬度范围

表示鱼对水硬度的适应范围，本书中所标硬度单位采用的德国度的计量方式（1 硬度单位表示10 万份水中含1 份CaO（即每升水中含 10 毫克CaO），$1^{\circ}=10\times10^{-6}$CaO）。大多数鱼喜欢软水和低硬度水，少数鱼喜欢高硬度水。

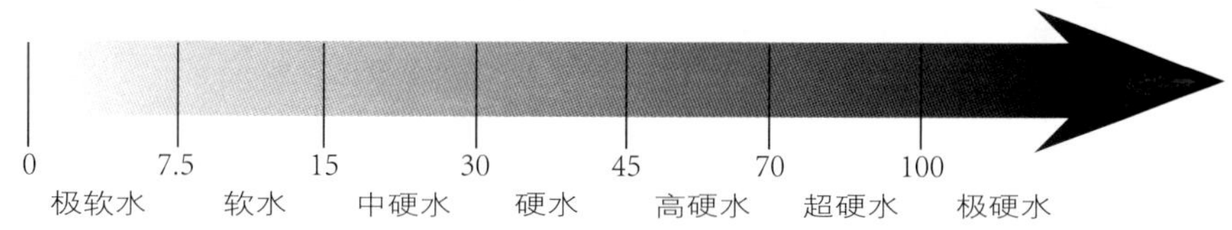

二性法特征

雌雄外表差异明显，雄性个体大且颜色鲜艳。一般为肉食性鱼类

雌雄外表差异明显，雌性个体大。一般为杂食性鱼类

雌性外表差异不明显，个体和花色类似。一般为群居性鱼

鱼类改变着我们的生活，我们也改变着鱼类。如果稍得清闲，请安静坐于水族箱前面，看那些鱼的古怪“表演”。它们或美丽、或独特、或风度翩翩、或小家碧玉。每一个品种都是科学和艺术结合出的奇葩。

鳉

鳉鱼类是鲤齿目（Cyprinodontiformes）下一大类群的统称，其分化丰富，品种繁杂，是特征非常鲜明且极具多样化的一大群小型观赏鱼。

鳉鱼类中包含鲤齿亚目（Cyprinodontoidei）花鳉科（Poeciliidae）以及单唇鳉亚目（Aplocheiloidei）下的单唇鳉科（Aplocheilidae）、假鳃鳉科（Nothobranchiidae）等多个科别下的数十个属及上百个品种。由于品种极其丰富且分化类别十分明显，同时更因为鳉鱼类中大多均为色彩艳丽、极具观赏价值的品种，故而对于爱好收集品种的饲育者而言这是一个充满了期待与惊喜的类群。

鱼类群作为观赏鱼，真正广为大众熟知、红遍大江南北的其实是它们之中的人工培育变种，其中尤以花鳉科的花鳉属（*Poecilia*）和剑尾鱼属（*Xiphophallus*）最著名，由于它们杂交变异的普遍性，诞生了许许多多令人眼花缭乱的品种。花鳉属的主要品种即玛丽鱼和孔雀鱼。玛丽鱼类群有普通玛丽、黑玛丽、珍珠玛丽等原生品种及一系列相互杂交的衍生物如银玛丽，黄玛丽、燕尾玛丽、球形玛丽等；孔雀鱼的人工培育种更是极其繁盛，各种杂交表现层出不穷，以至于人们已经把它的原始物种忘却了，蛇王、马赛克、草尾、礼服、白金等都是声名远播的经典品系。剑尾鱼属同样有两个品种，既剑尾鱼和月光鱼。同孔雀鱼一样，原始的品种几乎已见不到，色彩浓艳的红剑鱼、精灵可爱的各种月光鱼却成为最常见的观赏鱼，同时这两种鱼类还可以相互杂交，黑尾红剑、鸳鸯剑就是二者杂交培育的产物。

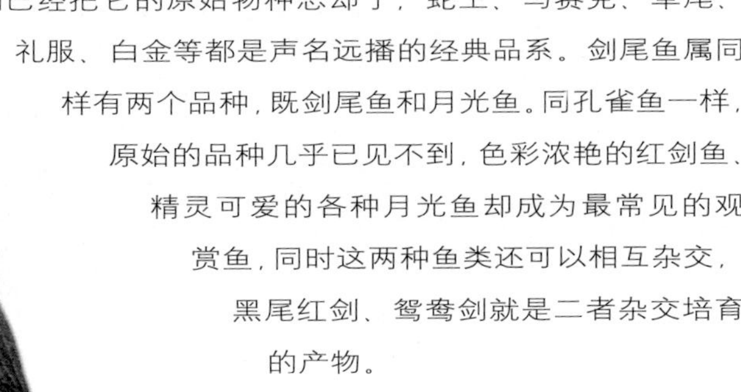

花鳉科的所有鱼类还有一个特点，即繁殖方式为胎生，因此也被称做胎生鳉类，观察它们的繁殖行为也是十分有趣的事情。

孔雀鱼（凤尾鱼）

Xiphophorus maculatus

鲤齿目 Cyprinodontiformes
花鳉科 Poeciliinae

基本饲养信息：

18 ~ 32

5 cm

6.0 ~ 8.2

2 ~ 25

自然分布：南美洲的委内瑞拉、圭亚那、西印度群岛、巴西北部等地。

饲养历史：1857—1858年居住在委内瑞拉的德国药剂师 Julius Gollmer 在当地大量捕捉孔雀鱼并输送到德国，到20世纪初，孔雀鱼在欧洲已经大量繁殖，并产生了人工品种。

饲养要点：由于具有很大的尾鳍，游泳能力减弱，要将水族箱水流控制小一些。

繁殖：繁殖容易，雌鱼直接产出幼鱼，产仔周期为1个月左右。

变种与人工培育：

经过100多年的人工培育，孔雀鱼的颜色和鱼鳍形状花样频出。

原始尾

旗尾

三角尾

裙尾

剑尾

孔雀鱼的人工培育品种

红礼服（火炬）

白礼服

马赛克

蓝马赛克

蕾丝蛇王

全红（红袍）

孔雀鱼人工培育品种

弗朗明哥

安格拉斯

莫斯科蓝

草尾

金色弗朗明哥

天空蓝缎带

剑尾鱼

Xiphophorus helleri

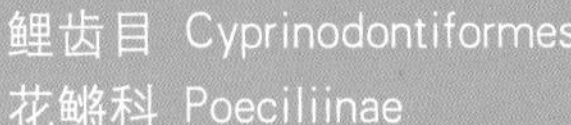

基本饲养信息：

18 ~ 30

8 cm

7.0 ~ 8.0

8 ~ 25

自然分布：中美洲墨西哥、危地马拉等地的江河流域。

饲养历史：最早是作为基因实验动物。从 19 世纪末开始作为观赏鱼在美国饲养。

饲养要点：需要经常换水，在长久不换水的水族箱中生长不良，容易患病。

繁殖：雌鱼直接产出幼鱼，产仔周期为 35 ~ 40 天。

变种与人工培育：

人工培育的剑尾鱼有多种尾鳍形式，并通过鱼同属于其他鱼杂交得到了更多的花色。

剑尾鱼的人工培育品种

红剑尾鱼

高帆红剑尾鱼

苹果剑尾鱼

金剑尾鱼（白化）

黑剑尾鱼

红白剑尾鱼

剑尾鱼的人工培育品种

黑尾剑尾鱼

鸳鸯剑尾鱼

巴黎灰（杂交）

锦鲤剑尾鱼

花豹剑尾鱼

凤尾红剑尾鱼

剑尾鱼的人工培育品种

红茶壶

球苹果

球鸳鸯剑

凤尾鸳鸯剑

鸳鸯剑雌鱼

高帆红箭雌鱼

月光鱼

Xiphophorus maculatus

鲤齿目 Cyprinodontiformes
花鳉科 Poeciliinae

♂

♀

基本饲养信息：

18 ~ 30

5 cm
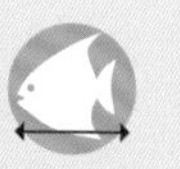

7.0 ~ 8.0

5 ~ 25

自然分布：中美洲墨西哥、危地马拉等地的河川中。

饲养历史：最早作为基因实验动物，主要用于和剑尾鱼杂交，19 世纪末成为观赏鱼。

饲养要点：可以和剑尾鱼、三色鱼杂交，如果想得到纯种，则不能混养。

繁殖：雌鱼直接产出小鱼，产仔周期为 28 ~ 32 天。

变种与人工培育：

月光鱼的人工培育，有鳍、体型和体色三方面的变化。

原始种

球身

帆鳍

月光鱼的人工培育品种

红月光

红绒球

红米琪

米琪（米老鼠）

小熊猫

乳酪

月光鱼的人工培育品种

金月光

蓝月光

玻璃熊猫

紫罗兰

黄金
（与三色牡丹鱼杂交）

红粉佳人
（与三色牡丹鱼杂交）

三色牡丹鱼

Xiphophorus variatus

鲤齿目 Cyprinodontiformes
花鳉科 Poeciliinae

基本饲养信息：

18 ~ 30

5 cm

6.8 ~ 8.0

7 ~ 25

自然分布：中美洲墨西哥、危地马拉等地的河川沼泽中。

饲养历史：比剑尾鱼、月光鱼晚，但作为观赏鱼出现不晚于 20 世纪初。

饲养要点：喜欢水中有微弱的盐分，在酸性软水中生长不良。

繁殖：雌鱼直接产出幼鱼，产仔周期为 28 ~ 30 天。幼鱼比较小。

变种与人工培育：

三色牡丹鱼野生花色变异就很多，加之可以和同属鱼类杂交，花色丰富。人工培育中得到了帆鳍类型。

原始种

帆鳍型

三色牡丹鱼的人工培育品种

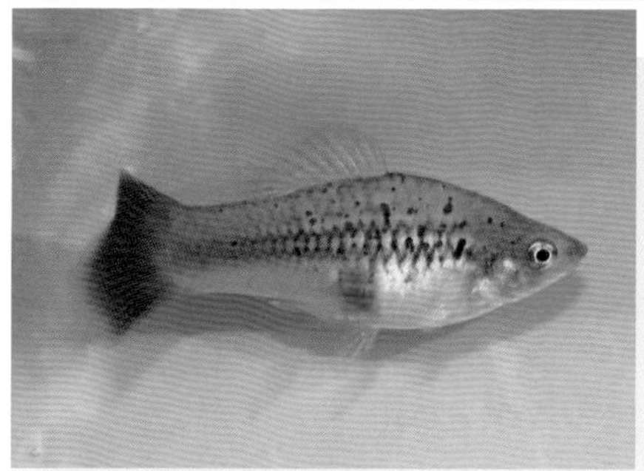
三色鱼

牡丹鱼

黑金牡丹
（与月光鱼杂交）

金牡丹
（与剑尾鱼杂交）

帆鳍三色

帆鳍牡丹

黑玛丽鱼

Poecilia sphenops

鲤齿目 Cyprinodontiformes
花鳉科 Poeciliinae

基本饲养信息：

18 ~ 30

5 cm

6.8 ~ 8.2

8 ~ 30

自然分布：中美洲墨西哥。

饲养历史：作为观赏鱼饲养历史悠久，至少在 1860 年前后已出现在欧洲的水族馆。

注意事项：喜欢有一定盐分的新水，在酸性软水中不能良好生长。喜欢啃食青苔，容易感染细菌类疾病。

繁殖：雌鱼直接产出幼鱼，产仔周期为 1 个月左右。

变种与人工培育：

黑玛丽鱼和珍珠玛丽鱼杂交得到了多种花色，人工培育还出现和尾鳍与背鳍的变异。

原始种

燕尾型

球身型

珍珠玛丽鱼

Poecilia latipinna

鲤齿目 Cyprinodontiformes
花鳉科 Poeciliinae

基本饲养信息：

18 ~ 30

8 cm

6.8 ~ 8.2

8 ~ 30

卵胎生

自然分布：中美洲墨西哥。

饲养历史：成为观赏鱼的年代和黑玛丽鱼接近。

注意事项：喜欢有一定盐分的新水，生长速度快，成体并没有幼体颜色鲜艳。

繁殖：雌鱼直接产出幼鱼，产仔周期为 1 个月左右。

变种与人工培育：

同黑玛丽鱼。

原始种

燕尾型

球身型

玛丽鱼的杂交和人工培育品种

金玛丽

金皮球

银玛丽

银皮球

珍珠皮球

花色玛丽
（黑玛丽鱼与珍珠玛丽鱼杂交）

黄金鳉鱼

Aplocheilus lineatus

鲤齿目 Cyprinodontiformes
单唇鳉科 Aplocheilidae

基本饲养信息：

22 ~ 28　　6 cm

6.5 ~ 7.5　　5 ~ 10

自然分布：印度南方、缅甸、泰国、马来半岛、苏门答腊、婆罗洲、爪哇等地。

饲养历史：20 世纪 80 年代开始作为观赏鱼饲养。

饲养要点：成年的雄性间会发生剧烈的争斗，并喜欢袭击小型鱼。

繁殖：卵生，在水面漂浮的水草丛中产卵，需要弱酸性水刺激繁殖。

蓝珍珠鳉鱼

Lamprichthys tanganicanus

鲤齿目 Cyprinodontiformes
花鳉科 Poeciliidae

基本饲养信息：

22 ~ 26

6 cm

7.0 ~ 8.2

15 ~ 45

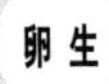

原产地：东非坦干伊克湖。

饲养历史：2000 年后随着东非慈鲷的兴起被一同作为廉价的观赏鱼出售。

饲养要点：喜欢略带盐分的硬水，但也可以适应微软的水质。

繁殖：卵生，在水族箱中能自然产卵，喜成群繁殖，只饲养一对不容易繁殖。

蓝眼鳉鱼

Aplocheilichthys normani

鲤齿目 Cyprinodontiformes
单唇鳉科 Aplocheilidae

基本饲养信息：

20 ~ 30

4 cm

7.0 ~ 8.2

10 ~ 30
卵生

原产地：非洲喀麦隆、埃及与南多哥。

饲养历史：20世纪80年代末因为特殊的蓝眼被作为观赏鱼，曾风靡一时。随着其他蓝眼特征鱼类的发现，该品种已不被重视。

饲养要点：非常容易饲养，适合任何水质环境，可以和大多数体型相差不大的鱼混养。

繁殖：性成熟后会自然产卵，产卵前最好提供新水刺激发情。

飞弹鱼（斑节鳉）

Pseudepiplatys annulatus

鲤齿目 Cyprinodontiformes
假鳃鳉科 Nothobranchiidae

基本饲养信息：

24 ~ 30

4 cm

7.0 ~ 8.2

2 ~ 10

原产地：西非，从几内亚至尼日尔。

饲养历史：1915 年被命名，在 1980 年前后从原产地捕捞运输到欧洲，成为观赏鱼。因为个体小、寿命短，一直不被重视。

饲养注意：喜欢酸性软水，在硬水中不能良好生长。成年后雄性间有争斗，易受惊吓。

繁殖：卵生，产卵于水草丛中或枯叶上，卵需要包裹在土中干燥休眠一段时间才能良好孵化。

漂亮宝贝鱼（贡氏圆尾鳉）

Nothobranchius rachovii

鲤齿目 Cyprinodontiformes
假鳃鳉科 Nothobranchiidae

基本饲养信息：

24 ~ 30

4 cm

7.0 ~ 8.2

0 ~ 7.5

卵生

原产地： 非洲的桑给巴尔岛与坦桑尼亚的东部。

饲养历史： 约 20 世纪 80 年代作为观赏鱼从原产地输出，20 世纪 90 年代人工批量繁殖。

饲养要点： 雄性之间争斗很严重，市场上出售的成体一般都是雄性，如果想得到雌性，可以买休眠鱼卵自己孵化。

繁殖： 卵生，产卵于水族箱底部的泥炭土中，卵需要离水潮湿封存至少 1 个月后，放入水中才能很好地孵化。

变种与人工培育：

白化种

银色变种

红粉佳人（红羽假鳃鳉）

Nothobranchius cardinalis

鲤齿目 Cyprinodontiformes
假鳃鳉科 Nothobranchiidae

基本饲养信息：

22 ~ 30

3 cm

7.0 ~ 8.2

0 ~ 7.5

原产地：西非的河流浅水湾以及季节性沼泽。

饲养历史：20 世纪 90 年代以后被作为观赏鱼贸易。

饲养要点：喜欢弱酸性软水，成年雄性之间争斗严重。

繁殖：卵生，产卵于泥炭、河泥中，卵需要离水潮湿休眠一段时间，才能充分孵化。直接在水中孵化，成活率不高。

变种与人工培育：

重色型

麒麟（长头假鳃鳉）

Nothobranchius lucius

鲤齿目 Cyprinodontiformes
假鳃鳉科 Nothobranchiidae

基本饲养信息：

22～30

4 cm

7.0～8.2

0～7.5
卵生

原产地： 西非的浅水河流、滩涂。

饲养历史： 2000 年以后被作为观赏鱼进行贸易。

饲养要点： 最好单独饲养，如果混养只能和灯鱼类饲养在一起。一个水族箱里只能饲养一条雄性。

繁殖： 同漂亮宝贝鱼。

绿灵鳉

Nothobranchius fuscotaeniatus

鲤齿目 Cyprinodontiformes
假鳃鳉科 Nothobranchiidae

22 ~ 30

3 cm

7.0 ~ 8.2

0 ~ 7.5

原产地：坦桑尼亚的小河流中，野生种已濒危。

饲养历史：从 20 世纪 90 年代初开始作为观赏鱼进行贸易，因为繁殖困难，一直依靠野外捕捞，至 1997 年野生种已难得一见，但人工繁殖品种已成功。

饲养要点：单独饲养在小型水族箱中，箱底铺设泥炭或水草种植泥。

繁殖：同漂亮宝贝鱼。

月光宝贝鱼

Nothobranchius kafuensis

鲤齿目 Cyprinodontiformes
假鳃鳉科 Nothobranchiidae

22 ~ 30

4 cm

7.0 ~ 8.2

0 ~ 7.5

原产地：西非坦桑尼亚、乌干达、刚果等地的浅水池塘中。

饲养历史：作为观赏鱼不早于1990 年。

饲养要点：最好单独饲养在小型水族箱中。

繁殖：同漂亮宝贝鱼。

七彩稻田鳉（弓背青鳉）

Oryzias curvinotus

鲤齿目 Cyprinodontiformes
青鳉科 Oryziatidae

基本饲养信息：

18 ~ 32

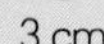
3 cm

7.0 ~ 8.2

0 ~ 40
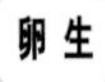

原产地： 中国南部及越南。

饲养历史： 2010 年后原生观赏鱼兴起后被捕捞作为观赏鱼，后经过人工选育、培育得到了红鳍、淡蓝身体的艳丽型，被称为七彩稻田。

饲养要点： 容易饲养，适应性很强，最好成小群落饲养，只饲养一两条时，它们易受惊吓。

繁殖： 繁殖容易，在水族箱中能自然繁殖。

变种与人工培育：

七彩稻田

青鳉

Oryzias latipes

鲤齿目 Cyprinodontiformes
青鳉科 Oryziatidae

基本饲养信息：

18 ~ 32

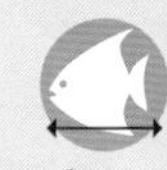
3 cm

7.0 ~ 8.2

0 ~ 40

原产地： 中国南部和东南亚稻田、池塘中。

饲养历史： 作为实验动物有近 100 年的历史，2000 年左右，因为基因实验的需要，被植入了珊瑚荧光基因，成为了“发光鱼”。其转基因个体成为观赏鱼。

饲养要点： 容易饲养，适应性很强，只要不被大鱼吃掉，就能活得很好。

繁殖： 原种在水族箱中能自然繁殖，转基因个体因为 DNA 不成对，不能繁殖后代。

变种与人工培育：

荧光型（转基因）

灯 鱼

小型灯鱼大多数时候普遍被统称为“灯科鱼”，但事实上这是不准确的。如果从科学的分类学角度来说，灯鱼类并不是一个统一的“科”，它们绝大部分应归属于脂鲤目的脂鲤科（Characidae），是“脂鲤类”鱼中的一大类群。但即便如此，有时我们会听到“小型加拉辛”的称呼，这也是不妥的。“加拉辛”一词音译自英文“characin”，虽然确实指的是脂鲤类，但更多时候指的是脂鲤类群中的大型鱼，如猛鱼、牙鱼、还有大名鼎鼎的食人鱼等，至于体型娇小的灯鱼类，则另外有一个专指单词“tetra”，所以我们这里介绍的脂鲤类灯鱼，不是“characin”，而是“tetra”。

小型灯鱼所属的脂鲤目（Characiformes），名称源于其隶属的骨鳔总目（Ostariophysi）——亦称鲤总目，可见其和鲤鱼类有着相当亲缘的关系；同时它们在背鳍后方还有一个明显的小鳍：这是一个由脂肪形成的小鳍，称为“脂鳍”——故此类鱼得到“脂鲤”的名称，意即为“拥有脂鳍的近鲤类鱼群”。

脂鲤类小型灯鱼的品种繁多，表形丰富，每一科属都拥有令人惊艳的品种，大家最为熟知的宝莲灯鱼、红绿灯鱼便出自唇齿脂鲤亚科的拟唇齿脂鲤属（*Paraheirodon*），而同样受人追捧的帝王灯鱼则出自裸脂鲤亚科的丝尾脂鲤属（*Nematobrycon*）。需要指出的是，即使在脂鲤科之外，灯鱼家族的成员依旧是桃李满天，这其中就包括顶器脂鲤科（Crenuchidae）中大名鼎鼎的珍珠灯鱼。另外，胸腹脂鲤科（Gasteropelecidae）的飞脂鲤属（*Carnegiella*）和胸腹脂鲤属（*Gasteropelecus*）包含了所有品种的燕子斧头，亦为小型脂鲤类鱼群中极为出众的一族。短嘴脂鲤科（Lebiasinidae）下辖的翘嘴脂鲤亚科（Pyrrhulininae），包含了光彩照人的丝鳍脂鲤属（*Copella*）和精巧别致的铅笔鱼属（*Nannostomus*）：前者即是外表美丽并且繁殖特性神奇的溅水鱼类群，而后者则是颜色朴素但风格独特、依然受到众多爱好者青睐的铅笔鱼家族。

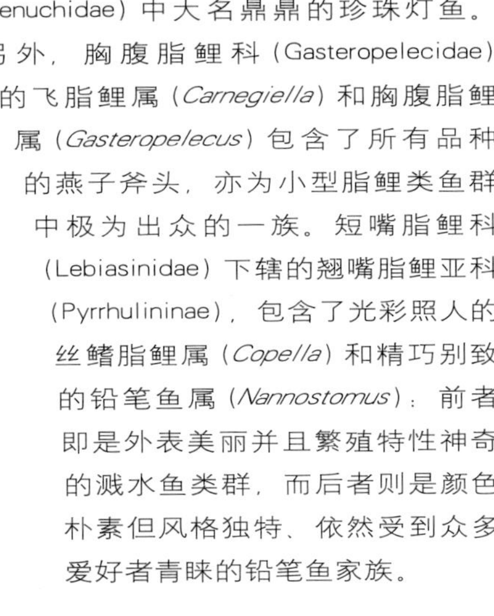

红绿灯鱼

Paracheirodon innesi

脂鲤目 Characiformes
脂鲤科 Characidae

基本饲养信息：

24 ~ 30

3 cm

5.5 ~ 7.2

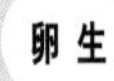

0 ~ 15

♂♀

自然分布：哥伦比亚、秘鲁、巴西的河流中。

饲养历史：至少有 100 年的饲养历史，1950 年左右传入中国，是当时名贵的观赏鱼，由于人工繁殖数量巨大，现在是最廉价的观赏鱼之一。

饲养要点：需要成群饲养，最少 10 条一小群才能生长得很好。喜欢稳定的水质环境，如果经常换水，则容易患病。

繁殖：卵生，批量生产时，一般将一对鱼放入玻璃瓶中，遮住光线，使用弱酸性纯净水，黎明前后产卵。

变种与人工培育：

白化型

荧鳞型

长鳍型

宝莲灯鱼

Paracheirodon axelrodi

脂鲤目 Characiformes
脂鲤科 Characidae

♂

♀

基本饲养信息：

24 ~ 29

4 cm

5.5 ~ 7.0

0 ~ 8

自然分布：南美洲哥伦比亚、委内瑞拉奥里诺科河上游与巴西尼格罗河流域。

饲养历史：1956 年被定名后，就曾被作为观赏鱼贸易饲养，但一般不能饲养成活。1980 年后，随着过滤器的普及才被人们熟知。

饲养要点：需要稳定的水质，如果购买的是刚从原产地运来的幼小个体，则需要提供弱酸性软水，才能饲养成活。

繁殖：在酸性、硬度很低的水中产卵，幼鱼不容易成活。但原产地数量庞大，因此，主要来源靠野生捕捞。

变种与人工培育：

荧鳞型

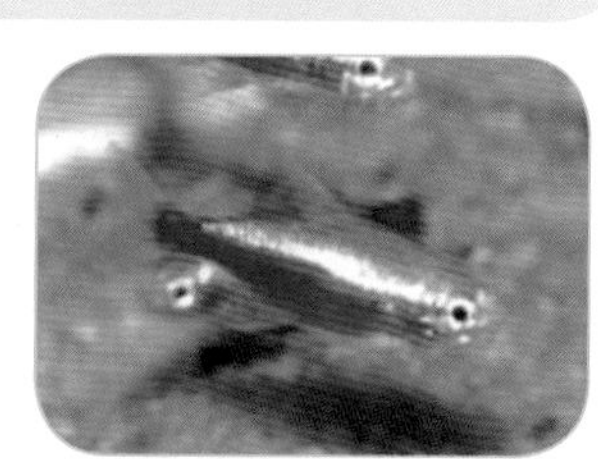
白化型

绿莲灯鱼

Paracheirodon simulans

脂鲤目 Characiformes
脂鲤科 Characidae

基本饲养信息：

24 ~ 29

3 cm

5.5 ~ 6.8

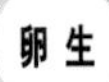

0 ~ 8

♂♀

自然分布：南美洲尼格罗河上游与奥里诺科河流域。

饲养历史：是拟唇齿脂鲤属（*Paracheirodon*）内最后被发现并作为观赏鱼的，商业引进不早于2002年。

饲养要点：喜欢稳定的水质，由于个体小，容易受到惊吓，需要成群饲养。

繁殖：同红绿灯鱼，目前商业个体包括野生和人工繁殖两种。

变种与人工培育：

白化型

红鼻剪刀鱼

Hemigrammus bleheri

脂鲤目 Characiformes
脂鲤科 Characidae

基本饲养信息：

22 ~ 29

4 cm

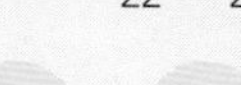

5.5 ~ 7.5

0 ~ 15

自然分布：南美洲巴西境内的亚马孙河流域。

饲养历史：20 世纪 70 年代开始被作为观赏鱼贸易饲养。

饲养要点：容易饲养，喜欢成群活动，活跃，爱游泳。虽然个子小，但需要成群饲养在大型水族箱里。

繁殖：2000 年后繁殖技术被攻克，成群繁殖，产卵于水草上，需要弱酸性软水。

变种与人工培育：

白化型

迷你灯鱼（银尖）

Hasemania nana

脂鲤目 Characiformes
脂鲤科 Characidae

基本饲养信息：

22 ~ 29

6 cm

5.5 ~ 7.2

0 ~ 20

自然分布：南美洲巴西境内的亚马孙河流域。

饲养历史：20 世纪 50 年代被作为观赏鱼开始贸易，起初是作为野生宝莲灯鱼捕捞时的副产品。现在多用于点缀水草水族箱。

饲养要点：非常容易饲养，喜成群游泳，饲养数量少时颜色暗淡。

繁殖：容易繁殖，将成对亲鱼放入弱酸性软水的小水槽里，黎明产卵于水草上。

变种与人工培育：

黑色型

红线光管鱼

Hemigrammus gracilis

脂鲤目 Characiformes
脂鲤科 Characidae

基本饲养信息：

22 ~ 29

5 cm

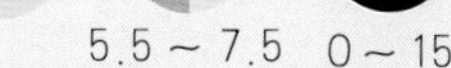

自然分布：圭亚那境内的亚马孙河流域。

饲养历史：20 世纪 50 年代后作为观赏鱼贸易饲养，90 年代引进到中国。

饲养要点：容易饲养，喜欢隐藏在水草丛中。

繁殖：同红绿灯鱼。

变种与人工培育：

白化型

帝王灯鱼

Nematobrycon palmeri

脂鲤目 Characiformes
脂鲤科 Characidae

基本饲养信息：

22～29

6 cm

5.5～7.0　0～15

♂♀

自然分布：哥伦比亚、委内瑞拉等地的河流中。圭亚那境内有自然变种分布。

饲养历史：20 世纪 50 年代被作为观赏鱼从南美洲输出，起初因其三叉的尾鳍备受重视。

饲养要点：喜欢弱酸性软水，成年雄性间争斗明显。

繁殖：卵生，繁殖比较容易，使用弱酸性纯净水繁殖，产卵于水草叶片上。

变种与人工培育：

黑帝王灯（变种）

红眼帝王灯（变种）

彩虹帝王灯鱼

Nematobrycon lacortei

脂鲤目 Characiformes
脂鲤科 Characidae

基本饲养信息：

22 ~ 29

5 cm

4.5 ~ 6.8

0 ~ 7.5

自然分布：南美洲亚马孙河支流亚彻图河及哥伦比亚西部水域。

饲养历史：1967 年最为观赏鱼引入德国，1970 年引入美国，2010 年后引进到中国。

饲养要点：喜欢弱酸性软水，胆小容易受到惊吓。

繁殖：目前贸易个体全部依赖野生捕捞。国外有繁殖记录。

国王灯鱼

Inpaichthys kerri

脂鲤目 Characiformes
脂鲤科 Characidae

♂

♀

基本饲养信息：

22 ~ 29

5 cm

5.5 ~ 6.8

0 ~ 10

自然分布：南美洲亚马孙河流域的阿瑞普那河。

饲养历史：1977 年被命名，随后作为观赏鱼引进到德国，2000 年后引进到中国。

饲养要点：强壮，容易饲养，成长速度快。

繁殖：繁殖与帝王灯鱼基本相同。

变种与人工培育：

蓝国王灯（变种）

黑灯鱼

Hyphessobrycon herbertaxelrodi

脂鲤目 Characiformes
脂鲤科 Characidae

♂

♀

基本饲养信息：

22 ~ 29

6 cm

5.5 ~ 7.5

0 ~ 20

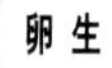

自然分布：南美洲巴西境内的亚马孙河流域。

饲养历史：1950 年后逐渐被作为观赏鱼贸易。因为颜色没有特别之处，一直不被重视。

饲养要点：强壮，容易饲养。喜欢成群活动。

繁殖：容易繁殖，只要能提供弱酸性软水，成熟个体便能产卵于水草上或沙子上，幼鱼生长速度快。

变种与人工培育：

白化种

黑裙鱼

Gymnocorymbus ternetzi

脂鲤目 Characiformes
脂鲤科 Characidae

基本饲养信息：

20 ~ 29

7 cm

5.5 ~ 7.5

0 ~ 30
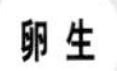

自然分布：南美洲巴西和阿根廷境内的河流中。

饲养历史：至少有80年的饲养历史，最早被引入欧洲，被大量人工繁殖。1850年前后，引进到中国。

饲养要点：强壮，容易饲养，喜欢噬咬水草的嫩芽。有时攻击小型鱼类，咬鱼的尾巴。

繁殖：容易繁殖，成熟后会自然产卵。

变种与人工培育：

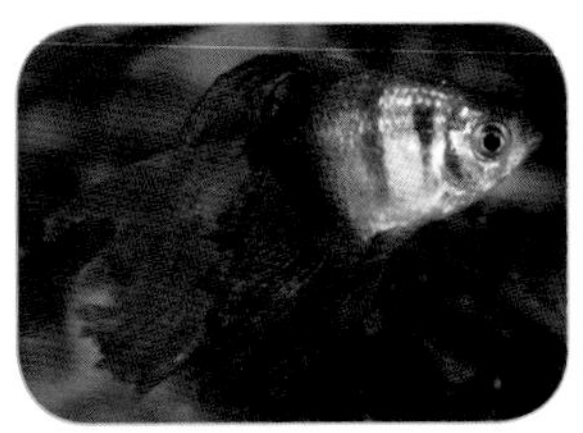
长鳍型

白化种

荧光型（转基因）

黑十字鱼

Hyphessobrycon anisitsi

脂鲤目 Characiformes
脂鲤科 Characidae

基本饲养信息：

20 ～ 29

8 cm

6.5 ～ 7.5

5 ～ 30

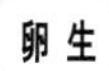

自然分布：南美洲巴西、巴拉圭境内的河流。

饲养历史：国外引进时间不详，20世纪80年代末进入中国，是非常常见的观赏鱼。

饲养要点：容易饲养，但是吃水草，成体后欺负小型鱼，咬鱼鳍，骚扰游泳速度慢的大型鱼。

繁殖：同黑裙鱼。

变种与人工培育：

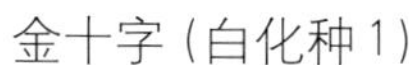
金十字（白化种 1）

白化种 2

红尾玻璃鱼

Prionobrama filigera

脂鲤目 Characiformes
脂鲤科 Characidae

基本饲养信息：

22 ~ 29　　8 cm

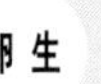

5.5 ~ 7.8　5 ~ 30

自然分布： 南美洲巴西、圭亚那境内的亚马孙河流域。

饲养历史： 作为观赏鱼饲养至少有50年的历史，1980年后引进到中国。

饲养要点： 强壮，容易饲养，争抢食物速度快，不宜与较弱的鱼饲养在一起。

繁殖： 卵生，容易繁殖，在水族箱中可以自然繁殖，幼鱼小，不容易喂养。

盲鱼

Astyanax jordani

脂鲤目 Characiformes
脂鲤科 Characidae

基本饲养信息：

20 ~ 29

10 cm

6.5 ~ 8

10 ~ 30

自然分布：墨西哥的溶洞、地下河中。

饲养历史：从基因学说开始后，就被作为实验动物，因为没有眼睛，也被作为展览性观赏鱼。20 世纪 60 年代，首批作为国礼送给中国，展览在北京动物园。

饲养要点：强壮，容易饲养，因为没有眼睛，适应性强，游泳速度快，咬其他鱼，并且撕咬水草。只能单独饲养。

繁殖：卵生，需要将雌雄分开饲养一段时间后，再放在一起才会产卵。

刚果霓虹鱼

Phenacogrammus Interruptus

脂鲤目 Characiformes
脂鲤科 Characidae

基本饲养信息：

22 ~ 29

10 cm

5.5 ~ 7.5

0 ~ 20

自然分布：西非刚果河流域。

饲养历史：在欧洲有 50 多年的饲养历史，1990 年后引进到中国。

饲养要点：强壮，容易饲养，最好成群饲养，单只饲养会很胆小。

繁殖：成群产卵在水草丛中。

变种与人工培育：

白化种

网球鱼

Phenacogrammus Interruptus

脂鲤目 Characiformes
脂鲤科 Characidae

基本饲养信息：

22 ~ 28

6 cm

5.5 ~ 7.0

0 ~ 10

自然分布：南美洲圭亚那境内的亚马孙河流域。

饲养历史：作为观赏鱼饲养有 50 年以上的历史。

饲养要点：脆弱、神经质，不容易接受人工饲料。捕食速度慢，不能和游泳速度快的鱼饲养在一起。

繁殖：根据环境不同，产卵于水草丛或水草叶片背面。

露比灯鱼

Axelrodia riesei

脂鲤目 Characiformes
脂鲤科 Characidae

♂

♀

基本饲养信息：

22 ~ 29

3 cm

5.5 ~ 7.0

0 ~ 10

自然分布：南美洲曼得河、哥伦比亚南部水域。

饲养历史：1966 年被定名，1970 年作为观赏鱼引入欧洲，2010 年前后进入中国。

饲养要点：较小，喜欢弱酸性软水，最好饲养在水草水族箱中。

繁殖：目前贸易个体主要依靠野生捕捞。

变种与人工培育：

血钻露比灯（变种）

拐棍鱼

Papiliochromis ramirezi

脂鲤目 Characiformes
脂鲤科 Characidae

♂

♀

基本饲养信息：

22 ~ 29

5 cm

5.5 ~ 7.5

0 ~ 10

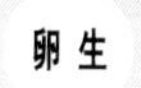

自然分布：南美洲的巴西、圭亚那等地的河流中。

饲养历史：至少有 100 年人工饲养记录。1950 年前后引进到中国。

饲养要点：容易饲养，喜欢成群活动，成年后啃咬水草嫩芽。

繁殖：卵生，与黑裙鱼基本相同。

变种与人工培育：

球型

银屏灯鱼

Moenkhausia sanctaefilomenae

脂鲤目 Characiformes
脂鲤科 Characidae

基本饲养信息：

22 ~ 29

5 cm

5.5 ~ 7.5

0 ~ 20

自然分布：南美洲巴西、圭亚那等地的河流中。

饲养历史：1930 年前后已被欧洲广泛饲养，1950 年后引进到中国。

饲养要点：强壮，容易饲养，啃咬水草嫩叶，成年后攻击小型鱼，捕食水面上掠过的小昆虫。

繁殖：繁殖容易，与黑裙鱼相似。

变种与人工培育：

球型

头尾灯鱼

Hemigrammus Ocellifer

脂鲤目 Characiformes
脂鲤科 Characidae

基本饲养信息：

22～29

4 cm

5.5～7.2

0～20

自然分布：南美洲圭亚那境内的亚马孙河流域。

饲养历史：饲养历史与银屏灯鱼接近，进入中国的时间略晚于银屏灯鱼。

饲养要点：容易饲养，成年后喜欢欺负小型鱼类。

繁殖：卵生，产卵于水草丛中。

变种与人工培育：

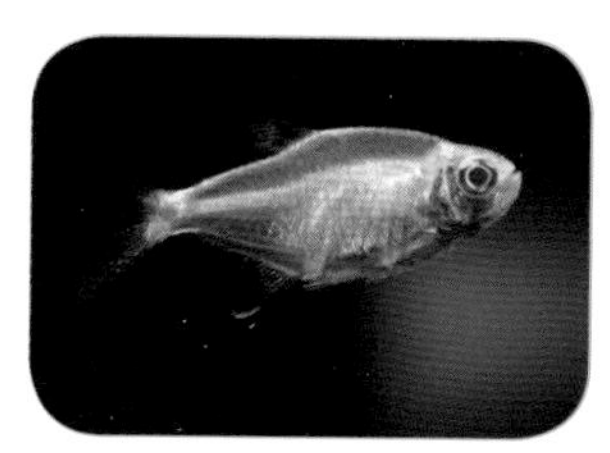

白化种

柠檬灯鱼

Hyphessobrycon pulchripinnis

脂鲤目 Characiformes
脂鲤科 Characidae

基本饲养信息：

22 ~ 29

5 cm

5.5 ~ 6.8

0 ~ 12

自然分布： 南美洲巴西塔巴鸠斯（Tapajos）河流域。

饲养历史： 饲养历史悠久，曾经是很受重视的观赏鱼，1980 年前后引进到中国。

饲养要点： 容易饲养，在弱酸性水中颜色鲜艳。

繁殖： 卵生，需要弱酸性纯净水，产卵于水草丛中。

黄金灯鱼

Hemigrammus rodwayi

脂鲤目 Characiformes
脂鲤科 Characidae

基本饲养信息：

4 cm

自然分布：南美洲圭亚那境内的亚马孙河流域。

饲养历史：1909 年被命名，1990 年后才被作为观赏鱼进行贸易。

饲养要点：容易饲养，成体后颜色暗淡。

繁殖：需要提供弱酸性软水，产卵于水草丛中。

水银灯鱼

Hemigrammus rodwayi

脂鲤目 Characiformes
脂鲤科 Characidae

基本饲养信息：

22 ~ 29

4 cm

5.5 ~ 6.8

0 ~ 15

自然分布：为黄金灯鱼的地域亚种，分布在巴西境内亚马孙河流域。

饲养历史：饲养历史大概有 10 年左右，之前可能还有类似亚种作为观赏鱼贸易，但名称混乱，无法参考。

饲养要点：喜欢弱酸性软水，集成小群，成年后雄性间会有争斗。

繁殖：同黄金灯鱼。

火兔灯鱼

Aphyocharax rathbuni

脂鲤目 Characiformes
脂鲤科 Characidae

基本饲养信息：

22 ~ 29

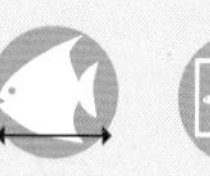
4 cm

5.5 ~ 6.8

0 ~ 12

♂♀

自然分布：南美洲巴拉圭境内的河流中。

饲养历史：1990 年前后被作为观赏鱼进行贸易，1995 年后人工繁殖成功。

饲养要点：幼体胆小，容易受到惊吓跳出水面，成体强壮，雄性间时常争斗。

繁殖：提供弱酸性纯净水，产卵于水草上。

玫瑰扯旗鱼

Hyphessobrycon serpae

基本饲养信息：

22 ~ 29

5 cm

5.5 ~ 7.2

0 ~ 30
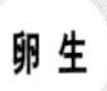

自然分布：南美洲巴西、圭亚那、巴拉圭境内的亚马孙河流域。

饲养历史：饲养历史悠久，至少有100年的历史，1980年前后传入中国。

饲养要点：容易饲养，在硬度高的水中颜色不鲜艳。

繁殖：卵生，容易繁殖，提供酸性软水，产卵于水草或沙砾上。

变种与人工培育：

长鱼鳍型

亮色型

银帆型

黑扯旗鱼

Megalamphodus megalopterus

脂鲤目 Characiformes
脂鲤科 Characidae

基本饲养信息：

22 ~ 29

5 cm

5.5 ~ 7.2

0 ~ 25

自然分布：南美洲巴拉圭上游瓜波雷（Guapore）河流域。

饲养历史：20 世纪 60 年代开始从原产地输出，1995 年后传入中国。

饲养要点：容易饲养，成体的雄性极爱争斗，但主要是相互炫耀身体的颜色，互相不造成伤害。

繁殖：同玫瑰扯旗鱼。

大钩旗鱼

Hyphessobrycon copelandi

脂鲤目 Characiformes
脂鲤科 Characidae

基本饲养信息：

22 ~ 29

6 cm

5.5 ~ 7.2

0 ~ 30

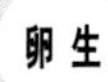

自然分布：南美洲巴西、哥伦比亚的河流中。

饲养历史：1980 年后开始作为观赏鱼进行贸易。1990 年后传入中国。

饲养要点：容易饲养，成年后雄性间争斗明显。

繁殖：同玫瑰扯旗鱼。

变种与人工培育：

黑大钩扯旗鱼

红裙鱼

Hlphessobrycon flammeus

脂鲤目 Characiformes
脂鲤科 Characidae

♂

♀

基本饲养信息：

22～29

5 cm

5.5～7.2

0～30

自然分布：南美洲巴西境内的亚马孙河流域。

饲养历史：饲养历史悠久，至少有100年的人工繁殖记录。20世纪50年代传入中国。

饲养要点：容易饲养，成年后有啃咬水草嫩芽的习惯。

繁殖：容易繁殖，产卵于水族箱中的水草丛或沙砾上。

变种与人工培育：

白化型

浅色型

金旗鱼

Hlphessobrycon flammeus

脂鲤目 Characiformes
脂鲤科 Characidae

基本饲养信息：

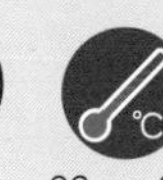
22 ~ 29

4 cm

6.0 ~ 7.2

0 ~ 30

自然分布：南美洲巴西、巴拉圭境内的河流中。

饲养历史：最早饲养记录不详，1990年前后引进到中国。

饲养要点：容易饲养，在弱酸性软水中身体大部分呈现金色，尾鳍和尾柄通红。如果水质过硬，则鲜艳的颜色消失。

繁殖：容易繁殖，卵生在水草丛中产卵。

变种与人工培育：

艳色型

红印鱼（血心灯）

Hyphessobrycon erythrostigma

脂鲤目 Characiformes
脂鲤科 Characidae

基本饲养信息：

22～29

8 cm

5.5～6.8

0～12
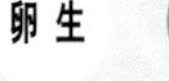

自然分布：南美洲秘鲁、哥伦比亚、巴西等国境内亚马孙河上游流域。

饲养历史：人工饲养历史不长，20世纪末才被捕捞输出，2005年后传入中国。

饲养要点：容易饲养，喜欢酸性软水，在硬水中生长不良。

繁殖：繁殖和玫瑰扯旗鱼相近，但目前大部分进行贸易的个体依靠野外捕捞。

红尾梦幻旗鱼

Hyphessobrycon columbianus

脂鲤目 Characiformes
脂鲤科 Characidae

基本饲养信息：

22 ~ 29

8 cm

5.5 ~ 7.2

0 ~ 30

自然分布：南美洲哥伦比亚境内的河流中。

饲养历史：饲养历史不长，1997 年后开始输出，2007 年后引入中国。

饲养要点：强壮，易养，成体后颜色暗淡，不如幼体美丽，啃咬水草嫩叶。**繁殖：**容易繁殖，产卵于水族箱中的水草丛里，如果水质够好，会自然产卵。

变种与人工培育：

白化型

红衣梦幻旗鱼

Hyphessobrycon sweglesi

脂鲤目 Characiformes
脂鲤科 Characidae

基本饲养信息：

24 ~ 29

4 cm

5.5～6.8

0～12

自然分布：南美洲奥里诺科河(Orinoco)流域。

饲养历史：因为有多个亚种和地域形，很难确切知道开始输出时间，但不早于2000年。2008年后引入中国。

饲养要点：容易饲养，但在硬度高的水中，没有鲜艳的颜色。在酸性软水中才能看到火红的颜色。

繁殖：目前贸易个体主要靠野生捕捞。原因可能是人工繁殖的后代没有鲜艳的颜色。

小丑旗鱼

Hyphessobrycon epicharis

脂鲤目 Characiformes
脂鲤科 Characidae

基本饲养信息：

24 ~ 29

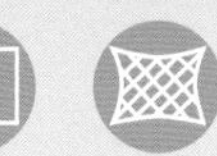

4 cm

7.0 ~ 8.2

10 ~ 30

♂♀

自然分布：南美洲巴西的奥里诺科河。

饲养历史：1997 年才被定名，定名前有作为观赏鱼输出的记录，但不详细。真正成为观赏鱼品种的时间不早于2000年，2007年后引入中国。

饲养要点：需要饲养在弱酸性软水中，在硬水中生长不良。

繁殖：目前贸易个体主要依赖野外捕捞。

玻璃扯旗鱼

Pristella maxillaris

基本饲养信息：

22～29

4 cm

6.0～7.2

0～30

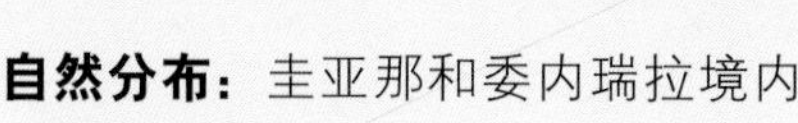

自然分布：圭亚那和委内瑞拉境内的亚马孙河流域。

饲养历史：1950 年前后被输出成为观赏鱼，1990 年后引入中国。

饲养要点：容易饲养，喜成群活动。

繁殖：需要弱酸性软水，产卵于水草丛中。

变种与人工培育：

白化型 1

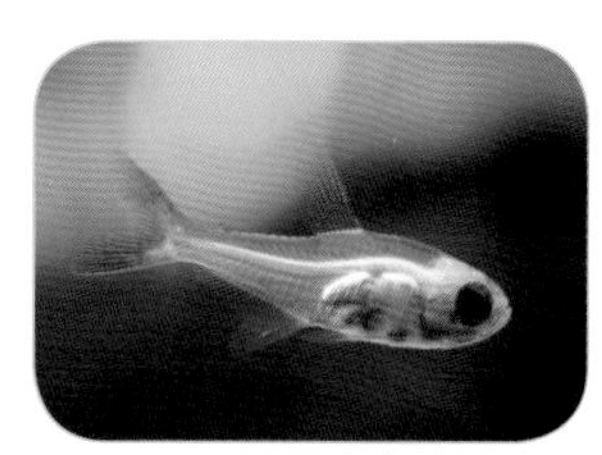

白化型 2

钻石灯鱼

Moenkhausia pittieri

脂鲤目 Characiformes
脂鲤科 Characidae

基本饲养信息：

22 ~ 29

8 cm

5.5 ~ 6.5

0 ~ 10

自然分布：南美洲委内瑞拉的巴伦西亚湖。

饲养历史：饲养历史不长，大概1990年后才被大量输出，2005年后引进到中国。

饲养要点：强壮，容易饲养，在酸性软水中，身上的钻石光辉明显。

繁殖：人工繁殖已成功，但贸易个体主要依赖野外捕捞。

红肚铅笔鱼

Nannostomus beckfordi

脂鲤目 Characiformes
脂鲤科 Characidae

基本饲养信息：

24 ~ 29

5 cm

5.5 ~ 6.5

0 ~ 20

自然分布： 圭亚那、委内瑞拉亚马孙河下游至尼格罗河水域。

饲养历史： 至少有60年的饲养历史，是小型铅笔鱼家族中最早被饲养的品种，1980年前后传入中国。

饲养要点： 个体小，但雄性间时常有争斗，在弱酸性软水中颜色鲜艳。

繁殖： 提供纯净水，亲鱼成熟后会产卵于水草叶片的背面。

一线铅笔鱼

Nannobrycon unifasciatus

脂鲤目 Characiformes
脂鲤科 Characidae

基本饲养信息：

24 ~ 29

7 cm
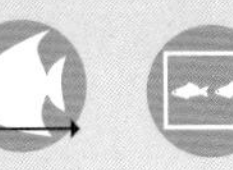

5.5 ~ 6.8

0 ~ 10
卵生

自然分布：亚马孙河下游。

饲养历史：1980 年前后，被作为观赏鱼贸易，1990 年和 2008 年两次引进到中国。

饲养要点：瘦弱，不容易饲养，需要用水蚤喂养，对人工饲料的接受能力差。容易受到惊吓，会被大多数鱼欺负。

繁殖：同红肚铅笔鱼。

火焰铅笔鱼

Nannostomus mortenthaleri

脂鲤目 Characiformes
脂鲤科 Characidae

基本饲养信息：

24 ~ 29

4 cm

5.5 ~ 6.5

0 ~ 10

自然分布：南美洲秘鲁境内的亚马孙河流域。

饲养历史：1954 年被发现，但到 1990 年后才被作为观赏鱼贸易，2005 年后被引进到中国。

饲养要点：喜欢酸性软水，容易受到惊吓，不能与性情活跃、暴躁的鱼饲养在一起。

繁殖：人工繁殖已成功，但贸易个体主要依赖野生捕捞。

五点铅笔鱼

Nannostomus espei

脂鲤目 Characiformes
脂鲤科 Characidae

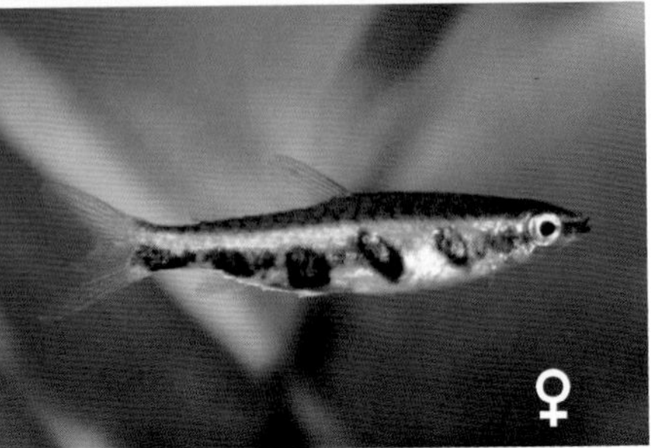

基本饲养信息：

24 ~ 29

4 cm

5.2 ~ 6.2

0 ~ 8

自然分布： 南美洲圭亚那马扎鲁尼（Mazaruni）河流域。

饲养历史： 1956 年被定名，1990 年后被作为观赏鱼贸易，2000 年后传入中国。

饲养要点： 温顺、脆弱，需要成小群饲养，容易受到惊吓。在水质过硬的饲养条件下生长不良。

繁殖： 目前主要依赖野外捕捞。

尖嘴铅笔鱼

Nannobrycon eques

脂鲤目 Characiformes
脂鲤科 Characidae

基本饲养信息：

24～29

4 cm

5.2～6.5

0～10
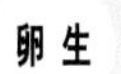

自然分布：南美洲巴西境内的亚马孙河流域。

饲养历史：相貌并不突出，很晚才被作为观赏鱼贸易，传到中国不早于 2000 年。

饲养要点：脆弱，要细心照顾，需要喂食水蚤等小型活饵，对人工饲料的接受能力差。

繁殖：提供酸性软水，亲鱼成熟后，成对活动，产卵于水草丛中。

喷火灯鱼

Hyphessobrycon amandae

脂鲤目 Characiformes
脂鲤科 Characidae

基本饲养信息：

24 ~ 29

2 cm

5.5 ~ 6.8　0 ~ 12

自然分布： 南美洲阿拉瓜亚（Araguaia）河流域。

饲养历史： 1987 年才被命名，至今有多个亚种，尚不确定名称。2000 年后作为观赏鱼进行贸易，容易人工繁殖，被广泛接受。

饲养要点： 个体小，需成群饲养，在酸性软水中，颜色鲜艳。

繁殖： 提供弱酸性软水，成对产卵于水草上。

变种与人工培育：

艳色型

银斧鱼

Garnegiella myersi

脂鲤目 Characiformes
脂鲤科 Characidae

基本饲养信息：

24 ~ 29

6 cm

5.5 ~ 7.0

0 ~ 12

自然分布：南美洲圭亚那、苏里南境内的亚马孙河流域，巴拉圭河以及奥里诺科河的湍急溪流中。

饲养历史：20 世纪 80 年代后被作为观赏鱼进行贸易。

饲养要点：胆小，容易受到惊吓，会飞出水族箱，饲养时需要加盖。

繁殖：未见长达几年的饲养记录，零星有繁殖记载。贸易个体主要依靠野外捕捞。

云石燕子鱼

Garnegiella myersi

脂鲤目 Characiformes
脂鲤科 Characidae

基本饲养信息：

24 ~ 29

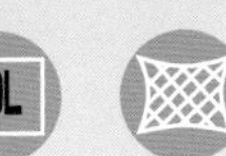

4 cm

5.5 ~ 6.5

0 ~ 8

自然分布：秘鲁和圭亚那境内的亚马孙河流域。

饲养历史：不早于 1990 年。

饲养要点：对水质敏感，容易跳出水族箱，需要提供稳定的水质，并为水族箱加盖。

繁殖：贸易个体主要依赖野外捕捞。

绿蜻蜓灯鱼

Lguanodectes spilurus

脂鲤目 Characiformes
脂鲤科 Characidae

基本饲养信息：

22 ~ 29　　8 cm

5.5 ~ 6.8　　0 ~ 20

自然分布： 秘鲁和巴西境内的亚马孙河流域。

饲养历史： 1990 年后被作为观赏鱼进行贸易。

饲养要点： 需要成群饲养，缓解个体的紧迫感。如果水质不好，颜色暗淡。

繁殖： 成群产卵，人工繁殖技术刚被攻克。

大型加拉辛

大型脂鲤类鱼，即真正的加拉辛族群，包含了脂鲤目（Characiformes）中最著名的各种凶猛肉食性鱼类和肥美食肉用鱼类，集中分布在非洲和南美洲两大地区。

非洲的大型脂鲤有非洲脂鲤科（Alestiidae），狗脂鲤属（*Hydrocynus*）的各种猛鱼，如黄金猛鱼和白金猛鱼以及拟狗脂鲤科（Hepsetidae）脂鲤属（*Hepsetus*）的钻石火箭。另外，琴脂鲤亚目（Citharinoidei），二列齿琴脂鲤科（Distichodontidae）的副齿脂鲤属（*Distichodus*）亦有一大类群，代表物种如长吻皇冠九间。

南美洲大型脂鲤则包括犬齿脂鲤科（Cynodontidae）的各种暴牙，如水狼脂鲤属（*Hydrolycus*）的皇冠大暴牙，针牙脂鲤属（*Rhaphiodon*）的银瀑暴牙和犬齿脂鲤属（*Cynodon*）紫衣暴牙；另有称为月光暴牙的大鳍鱼，它并不是脂鲤，而属于鲤科（Cyprinidae）的大鳍鱼属（*Macrochirichthys*）。血红脂鲤科（Erythrinidae）一大类群统称为牙鱼，如虎脂鲤属（*Erythrinus*）的七彩牙鱼、橙腹牙鱼及利齿脂鲤属（*Hoplias*）的南美牙鱼、枯木牙鱼。梭子脂鲤科的（Ctenoluciidae）的鲍氏脂鲤属（*Boulengerel*）和脂鲤属（*Ctenolucius*）统称为“火箭”，狼牙脂鲤科（Acestrorhynchidae）则只有一属：狼牙脂鲤属（*Acestrorhynchus*），所有成员都称为“排骨”。

原唇齿脂鲤科（Prochilodontidae）是大型脂鲤类中较少的素食性鱼类，所属物种大部分作为食用鱼，在我国也有少量引进，其中有一种作为观赏鱼，即真唇脂鲤属（*Semaprochilodus*）的飞凤。

皇冠银板鱼

Metynnis hypsauchen

脂鲤目 Characiformes
脂鲤科 Characidae

基本饲养信息：

22 ～ 29

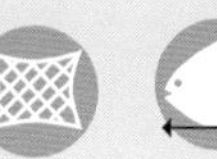
15 cm

5.5 ～ 7.5

5 ～ 35

自然分布：南美洲圭亚那、奥里诺科河、亚马孙河西部及巴拉圭盆地。

饲养历史：1912 年被命名，1950 年后作为观赏鱼进行贸易，也曾被作为食用鱼。1990 年后传入中国。

饲养要点：容易饲养，幼体和成体都十分强壮。对水质的适应能力很强，饲养成熟后能自然繁殖，一些热带国家引进该品种作为食用鱼。

繁殖：成熟后在弱酸性水中产卵，卵粘附于水底杂草丛中。产卵量大，但仔鱼十分小。

红钩鲳鱼

Myleus rubripinnis

脂鲤目 Characiformes
脂鲤科 Characidae

基本饲养信息：

22 ~ 29

35 cm

5.5 ~ 7.2

5 ~ 35

自然分布：南美的亚马孙河、奥里诺科河流域以及北方与东方的圭亚那遮蔽河。

饲养历史：有多个地域亚种，最早一种被作为观赏鱼是 1980 年后的事情，目前一直有新亚种被引进。

饲养要点：强壮，容易饲养，需要大型水族箱成群饲养，才会展现出美丽的姿态。

繁殖：成熟后产卵于水草丛中，在东南亚国家作为食用鱼养殖。

粗线银板鱼

Myleus schomburgkii

脂鲤目 Characiformes
脂鲤科 Characidae

基本饲养信息：

22 ~ 29　　42 cm

5.5 ~ 7.2　0 ~ 30

自然分布：秘鲁亚马孙流域中、下游的纳内（Nanay）河流域以及奥里诺科河上游的苏里南等地。

饲养历史：1841 年被命名，由于该品种不同的地域类型繁多，一直是鱼类收集者爱好的品种。1990 年后引进到中国。

饲养要点：强壮，容易饲养，游泳速度快，爱撕咬其他鱼的尾鳍。

繁殖：成熟后产卵于水草丛中，成群产卵。

红尾大暴牙鱼

Hydrolycus tatauaia

脂鲤目 Characiformes
脂鲤科 Characidae

基本饲养信息：

24 ~ 29

100 cm

5.5 ~ 6.8

0 ~ 15

卵生

自然分布：亚马孙流域秘鲁、巴西水域。

饲养历史：2005 年后随着野生鱼收集热潮，传入中国。一直是古怪鱼收集者的藏品，严格意义上不能算观赏鱼。

饲养要点：个体大，捕食小鱼，但很胆怯，容易受到惊吓。喜欢成群活动，最好单品种单独饲养。

繁殖：依靠野外捕捞。

红尾平克鱼

Chalceus macrolepidotus

脂鲤目 Characiformes
脂鲤科 Characidae

基本饲养信息：

22 ~ 29

30 cm

5.5 ~ 7.2

5 ~ 20
卵生

自然分布：南美洲圭亚那、亚马孙区域。

饲养历史：1817 年被命名，一直是原产地的食用鱼，1950 年后作为观赏鱼出口，1990 年后传入中国。

饲养要点：强壮，容易饲养，喜欢吃植物性饲料，吃草也吃小鱼，有时会袭击其他鱼的尾鳍。

繁殖：主要靠野外捕捞。

九间鱼

Leporinus affinis

脂鲤目 Characiformes
脂鲤科 Characidae

基本饲养信息：

22 ~ 29

30 cm

5.5 ~ 6.8

5 ~ 20

自然分布：南美洲巴西的河流中。

饲养历史：1920 年前后就被作为观赏鱼输送到欧洲，1980 年以后传入中国。

饲养要点：喜欢吃草，也吃动物性饲料，长期吃动物性饲料会营养不良，爱跳跃，容易跳出水族箱。

繁殖：性成熟后，需要降雨季节性气候变化刺激产卵。人工繁殖则注射激素。

九间小丑鱼

Distichodus sexfasciatus

脂鲤目 Characiformes
脂鲤科 Characidae

基本饲养信息：

22～29

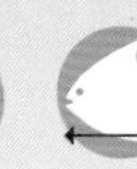
35 cm

5.5～7.2

5～30

自然分布：非洲刚果河流域。

饲养历史：为当地的食用鱼，1990年后幼体作为观赏鱼引进到中国。

饲养要点：杂食性，主要吃水草和藻类，也吃小型无脊椎动物，对人工饲料的接受能力不佳。成年后偶尔捕食小鱼。幼体有黄黑条纹颜色，成年后消失变成暗褐色。

繁殖：依靠野外捕捞。

红尾金排骨鱼

Acestrorhynchus altus

脂鲤目 Characiformes
脂鲤科 Characidae

基本饲养信息：

22～29

25 cm

6.0～7.2

5～15
卵生

自然分布：亚马孙流域的奥里诺科河、圭亚那、阿根廷。

饲养历史：2005 年后收集南美洲野生鱼类的潮流，使该鱼成为另类观赏鱼出口到全世界。

饲养要点：容易饲养，喜成群活动，捕食小鱼，游泳速度快。具有锋利的牙齿。受到惊吓时会跳出水面。

繁殖：依靠野外捕捞。

飞凤鱼

Semaprochilodus brama

脂鲤目 Characiformes
脂鲤科 Characidae

基本饲养信息：

22 ~ 29

30 cm

6.0 ~ 7.5

10 ~ 30

自然分布：中美洲到美国南部的河流中。

饲养历史：1990 年后作为观赏鱼引进到东南亚各国，与亚洲龙鱼配合饲养，取龙凤呈祥的寓意。1997 年后传入中国。

饲养要点：容易饲养，杂食性，相对肉食更喜欢吃草。成体后也捕食小鱼，性情温和，能和大型鱼类混养在一起。

繁殖：在原产地养殖场繁殖，贸易个体依靠进口。

红腹食人鱼

Pygocentrus nattereri

脂鲤目 Characiformes
脂鲤科 Characidae

基本饲养信息：

22 ~ 29

25 cm

6.0 ~ 7.2

2 ~ 20
卵生

自然分布：阿根廷，玻利维亚，巴西，哥伦比亚，厄瓜多尔，圭亚那，巴拉圭，秘鲁，乌拉圭和委内瑞拉等地淡水河流。

饲养历史：1920 年后已作为观赏鱼输出。目前由于考虑到外来物种入侵问题，一些国家已经禁养。

饲养要点：强壮，容易饲养，只能单独饲养，会吃掉所有其他鱼类。袭击落入水族箱的小动物，适应环境后，也袭击人的手。

繁殖：需要干季和雨季交替刺激产卵，产卵于水草丛中。

鲤与鳅

鲤形目（Cypriniformes）的所有鱼类都分布在淡水中，和人类的关系极其密切。这其中大型鱼类基本都作为了食物，但有些物种险中求胜，通过变异成为知名度极高的主流观赏鱼，如鲫鱼异化出的金鱼、鲤鱼异化出的锦鲤。

小型鱼类中，鳅科（Cobitidae）有几种较知名的底栖类观赏鱼，如沙鳅属（*Botia*）的三间鼠和潘鳅属（*Pangio*）的苦力鳅。其余成员则全部来自鲤科（Cyprinidae），分属于鲃亚科（Barbus）、斑马鱼亚科（Danioninae）、野鲮亚科（Labeoninae）、雅罗亚科（Leueiscinae）下的十数个属。

小型鲤类的观赏鱼，其品种的丰富程度丝毫不亚于脂鲤类的灯鱼群，并且同样色彩鲜艳、灵动逼人。其中鲃亚科是整个鲤形目中进化等级非常高的族群，一个非常鲜明的特征就是它们大多有须（除无须鲃属）。在原产地（泛东南亚及印度、斯里兰卡等地），丰富的水文环境造就了它们各式各样的表型，不过由于大多是聚群生活，并且生态位相互重叠，所以此类鱼的外形并没有太多差异，全部是适合灵活游泳的流线型，但颜色的表现极其丰富多彩。无须鲃属（*Puntius*）的樱桃鲫、黄金条、一眉道人等都有着夺目的体色，充斥大江南北的虎皮鱼，除了条纹分明的色彩外还有着独树一帜的高菱形体形。波鱼属（*Rasbora*）、泰波鱼属（*Boraras*）、三角波鱼属（*Trigonostigma*）、小波鱼属（*Microrasbora*）的很多物种因为有着闪烁的鳞片而被称为“灯鱼”，但它们和产自南美洲脂鲤科的“灯鱼”有着根本的不同，这点需要加以区分。其中三角波鱼属的三角灯鱼、波鱼属的一线长虹灯、蓝线灯、金鳞灯都是十分出众的品种，而泰波鱼属的蚂蚁灯和小波鱼属的火翅金钻，更是以极小的体型闻名世界。小鲤类中另一大族群是产量颇丰的斑马鱼亚科，其中尤以斑马鱼属（*Danio*）的各类斑马鱼闻名。不仅是原种的黑白双色，其变异出的荧光斑马鱼亦为大家所熟知。斑马鱼不仅产卵量大，并且繁殖周期极其稳定，所以在用做观赏鱼的同时，也是实验室中十分普遍的研究型动物。斑马鱼亚科在我国有着丰富的观赏鱼资源，最为大众推崇的大约是唐鱼属（*Tanichthys*）的白云金丝鱼。

虎皮鱼

Puntius tetrazona

鲤形目 Cypriniformes
鲤　科 Characidae

基本饲养信息：

23 ~ 29

5 cm

5.5 ~ 7.2

2 ~ 30

自然分布：马来西亚，印度尼西亚苏门答腊岛、加里曼丹岛等内陆河流湖泊中。

饲养历史：饲养历史悠久，至少有 100 年的人工繁殖记录，20 世纪初传入中国香港，1950 年前后进入大陆地区。

饲养要点：成群活动，性情活跃，袭击小型鱼，撕咬大型鱼的鱼鳍。能接受任何饲料。

繁殖：卵生，提供弱酸性软水，产卵于水草丛中，在水族箱中能自然繁殖。

变种与人工培育：

绿虎皮鱼

白化型

荧光型（转基因）

玫瑰鲫

Puntius conchonius

基本饲养信息：

23 ~ 29

5 cm

6.5 ~ 7.2

5 ~ 30

自然分布：印度、阿富汗、巴基斯坦、尼泊尔的河流中。

饲养历史：1822 年被命名，1880 年后传入欧洲成为观赏鱼，1990 年后人工繁殖的个体传入中国。

饲养要点：强壮，容易饲养，成群活动，成熟后，雄性总是追逐雌性。目前市场上出售的基本都是雄性。

繁殖：如果水族箱中有水草，它们成熟后会自然产卵。需要硬度比较低的水质，卵才能孵化。

变种与人工培育：

艳色型

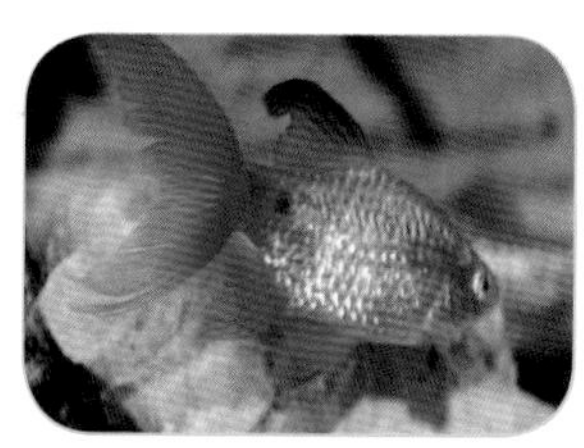

长鳍型

金色型

钻石彩虹鱼

Barbus ticto

鲤形目 Cypriniformes
鲤　科 Cyprinidae

基本饲养信息：

23 ~ 29

5cm

5.5 ~ 6.8

2 ~ 15
卵生

自然分布： 印度和斯里兰卡以及喜马拉雅山以南的的河流中。

饲养历史： 1903 年引进到德国，之后人工繁殖个体传遍欧洲和美国，2005 年后引进到中国。

饲养要点： 强壮，容易饲养，在水质清澈的环境下颜色鲜艳，终年呈现婚姻色。

繁殖： 成熟后加强换水频率，使用一定的纯净水，能自然在水族箱内的水草上产卵。

小丑鲫

Barbus arulius

基本饲养信息：

23 ~ 29

8 cm

5.5 ~ 7.5

6 ~ 25

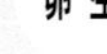

自然分布： 印度的考未立河流域。

饲养历史： 1950 年后被当做观赏鱼进行贸易，2008 年前后曾有一部分传入中国，现在已很难见到。

饲养要点： 强壮，容易饲养，活泼，爱游泳，在水质良好的情况下，雄性终年呈现婚姻色，并有追星（雄鱼面部和胸鳍上的白色突起）。

繁殖： 需要温度先降低后提高的刺激才能产卵，产卵于水草丛中。

樱桃鲫

Puntius titteya

鲤形目 Cypriniformes
鲤 科 Cyprinidae

基本饲养信息：

23 ~ 29

4 cm

5.5 ~ 7.0

0 ~ 20

自然分布： 斯里兰卡的河流中。

饲养历史： 作为观赏鱼饲养历史悠久，至少有 100 年的历史，随着欧洲国家对南亚的殖民而带回欧洲。人工个体传入中国的时间大概是 1980 年后。

饲养要点： 容易饲养，喜欢有水草的清澈水环境，在水质不良的情况下，不能展现出鲜艳的红色。

繁殖： 繁殖技术很普及，将成熟的亲鱼成对放入小型水族箱，提供弱酸性软水，一般在上午将卵产在水草上。也可以用尼龙网代替水草。

变种与人工培育：

白化型

黄金条鱼

Barbus schuberti

鲤形目 Cypriniformes
鲤　科 Cyprinidae

基本饲养信息：

18 ~ 32

5 cm

6.0 ~ 7.5

5 ~ 30

自然分布：中国广东、广西、云南南部以及缅甸、越南等地的清澈小河中。

饲养历史：饲养历史悠久，在中国和欧洲大概于 19 世纪中期已开始作为观赏鱼饲养。

饲养要点：容易饲养，喜好成群活动，幼体颜色暗淡，成年后体色金黄灿烂，不具攻击性，不啃咬水草。

繁殖：繁殖容易，成熟后利用加大换水频率刺激产卵，产卵于水族箱的水草丛中。

蓝三角鱼

Rasbora heteromorph

鲤形目 Cypriniformes
鲤　科 Cyprinidae

基本饲养信息：

22 ~ 29

3 cm

6.0 ~ 7.2

0 ~ 25

自然分布：马来西亚半岛、新加坡、泰国和印度尼西亚苏门答腊等地的河口静水水域。

饲养历史：19 世纪末作为观赏鱼传入欧洲，1980 年后传入中国。

饲养要点：容易饲养，喜成群游泳，不喜欢过强的水流，能接受大多数饲料，不伤害水草。

繁殖：亲鱼成熟后成对产卵，产卵于宽叶水草的叶片背面。需要低硬度的水，卵才能良好孵化。

一线长虹灯鱼

Rasbora pauciperforata

鲤形目 Cypriniformes
鲤　科 Cyprinidae

基本饲养信息：

23 ~ 29

4 cm

5.5 ~ 7.2

0 ~ 25

自然分布：泰国、柬埔寨、马来半岛到印度尼西亚的小河中。

饲养历史：1916 年被发现命名，1930 年前后作为观赏鱼引进到欧洲，2000 年后引入中国，但 2010 年后市场上已经非常少见。

饲养要点：容易饲养，不伤害水草也不攻击其他鱼，喜成小群活动，能接受大多数饲料。

繁殖：成熟后能在水族箱中自然繁殖，产卵量很少，需要优质的软水才能孵化。

斑马鱼

Danio rerio

鲤形目 Cypriniformes
鲤　科 Cyprinidae

基本饲养信息：

18～32

4 cm

6.0～8.0

0～35

自然分布： 印度、孟加拉国的溪流中。

饲养历史： 饲养历史悠久，从1822年被命名后一直作为实验室动物引进到欧洲，由于容易繁殖，是基因实验的对象。1850年开始作为观赏鱼出售，1920年前后传入中国。

饲养要点： 非常容易饲养，只要不被大鱼吃掉就能很好地生长。

繁殖： 原始种、变种和转基因个体都能繁殖，不需要特殊的管理，成熟后会在水族箱中自然产卵。

变种与人工培育：

长鳍型

金色型

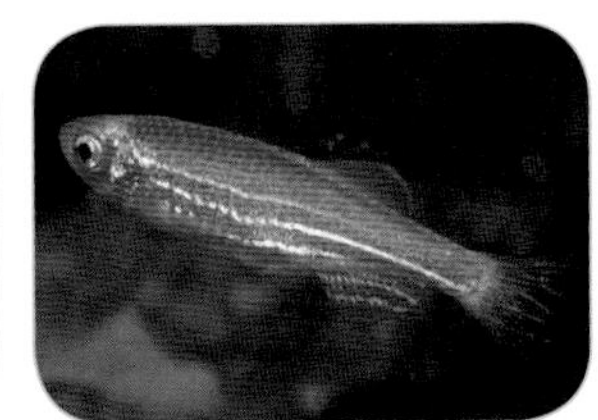
荧光型（转基因）

大斑马鱼

Danio aequipinnatus

鲤形目 Cypriniformes
鲤 · 科 Cyprinidae

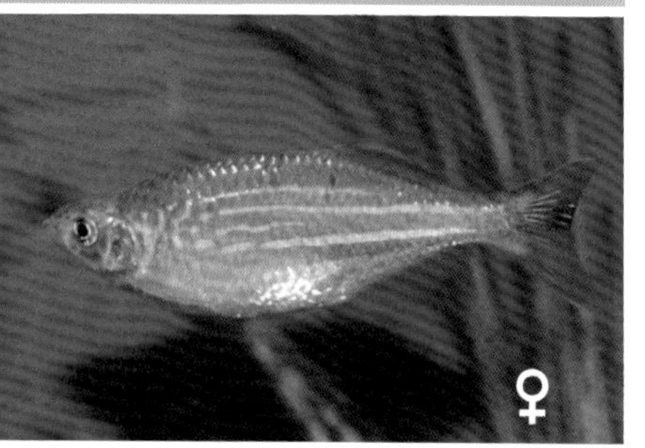

基本饲养信息：

18 ~ 32　　15 cm

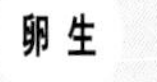

自然分布：印度、尼泊尔、斯里兰卡和泰国的海拔 300 米以上的丘陵溪流中。

饲养历史：1839 年被发现命名，1950 年前后作为生物收集者的藏品抵达欧洲，人工繁殖成功后作为观赏鱼进行贸易，1950 年前后传入中国。

饲养要点：强壮，容易饲养，雄鱼发情后会变得有些暴躁，骚扰小型鱼类。有时会伤害水草嫩芽。

繁殖：容易繁殖，提供良好的水质，亲鱼会在水族箱中成群产卵。

变种与人工培育：

白化型

一眉道人鱼

Puntius denisonii

鲤形目 Cypriniformes
鲤　科 Cyprinidae

基本饲养信息：

23～29

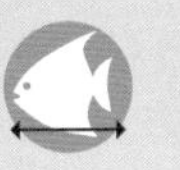
20 cm

6.0～7.2

5～30
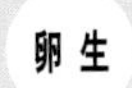

自然分布：印度高海拔的溪流中。

饲养历史：1997年在英国水族展览会上首次作为观赏鱼展出销售，之后传遍欧洲。2003年经过香港进入内地，2005年后在国内开始普及。

饲养要点：容易饲养，但如果得到的是野生个体，则需要适应水质一段时间，期间不吃食，而且容易死亡。

繁殖：在印度有专门的养殖场，从不出售雌鱼，贸易个体只能全靠从印度进口。

黑线飞狐鱼

Crossocheilus Siamensis

鲤形目 Cypriniformes
鲤　科 Cyprinidae

基本饲养信息：

23 ~ 29

15 cm

6.0 ~ 7.2

5 ~ 30

自然分布：泰国、缅甸等国的溪流中。

饲养历史：1931 年被命名，1990 年后随着水草水族箱的普及，人们开始引进这种鱼作为清理水草叶片上藻类的工具鱼，1995 年后传入中国。

饲养要点：容易饲养，但同种间攻击性明显，善于跳跃，容易跳出水族箱。

繁殖：需要温度和水质的刺激才能产卵，性成熟缓慢，养殖场里通常通过注射激素的方法达到繁殖目的。

小猴飞狐鱼

Crossocheilus reticulatus

鲤形目 Cypriniformes
鲤　科 Cyprinidae

基本饲养信息：

23～29

15 cm

6.0～7.2

5～25

自然分布：泰国境内河流以及澜沧江的一些支流内。

饲养历史：1934 年被发现并命名，但未作为观赏鱼，2000 年后作为水族箱内清理藻类的工具鱼引进。

饲养要点：容易饲养，对其他飞狐、红尾黑鲨以及所有体型相似的鱼具有攻击性，同种间攻击性明显，爱跳跃，水族箱要加盖。

繁殖：需要水温变化刺激才能产卵，性成熟缓慢。

彩虹鲨鱼

Epalzeorhynchus frenatus

鲤形目 Cypriniformes
鲤　科 Cyprinidae

基本饲养信息：

23 ~ 29

12 cm

6.0 ~ 7.2

6 ~ 30
卵生

自然分布：泰国、马来西亚、印度尼西亚苏门答腊岛、加里曼丹岛等地的清澈河流中。

饲养历史：1990 年前后从东南亚作为观赏鱼传到欧洲和中国，后来由于此鱼性情粗暴，而被忽略。

饲养要点：容易饲养，具有攻击性，成熟后攻击所有进入其领地的鱼类，善于跳跃，水族箱要加盖。

繁殖：在野生情况下需要逆流到繁殖地产卵。人工繁殖时，为其注射激素刺激发情。

变种与人工培育：

白化型

红尾黑鲨鱼

Labeo bicolor

鲤形目 Cypriniformes
鲤　科 Cyprinidae

基本饲养信息：

23～29

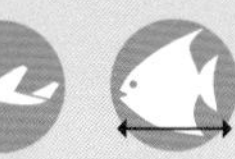
10 cm

6.0～7.2　5～25
卵生

自然分布：泰国、马来西亚、印度尼西亚苏门答腊岛、加里曼丹岛等地的清澈河流中。

饲养历史：被作为观赏鱼饲养的历史和彩虹鲨鱼接近。

饲养要点：同种间打斗现象非常严重，一个水族箱中最好只饲养一条。也攻击其他同体型鱼类，进食时驱赶小型鱼。喜欢啃食水草叶片和玻璃上的藻类。

繁殖：同彩虹鲨鱼。

银鲨鱼

Balantiocheilus melanopterus

鲤形目 Cypriniformes
鲤　科 Cyprinidae

基本饲养信息：

20 ~ 29

40 cm

6.5 ~ 8.0

10 ~ 40
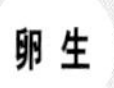

自然分布：泰国、印度尼西亚加里曼丹岛、苏门答腊岛的溪流中。

饲养历史：在原产地一直是名贵食用鱼，1990年后，一些国家引进高档食用鱼时发现这种鱼的幼体很好看，而成为观赏鱼。

饲养要点：强健，容易饲养，成体后吃水草，也捕食小鱼。

繁殖：在原产地养殖场内池塘里繁殖，因为价格低廉，容易得到。至今没有人尝试在水族箱内繁殖。

双线侧（泰国鲃）

Barbonymus schwanenfeldii

鲤形目 Cypriniformes
鲤　科 Cyprinidae

♂

♀

基本饲养信息：

23～29

45 cm

6.0～8.0

5～40

自然分布：泰国、印度尼西亚加里曼丹岛的河流中。

饲养历史：是泰国的高档食用鱼，被一些国家作为食用鱼种资源引进。由于有鲜红的尾鳍，成为廉价的观赏鱼。

饲养要点：强壮，容易饲养，生长速度快，成体后袭击小鱼，并撕咬水草，破坏力强，游泳速度快，经常损毁水族箱内造景。

繁殖：价格低廉容易得到，没有水族箱内繁殖的记录。

变种与人工培育：

白化型

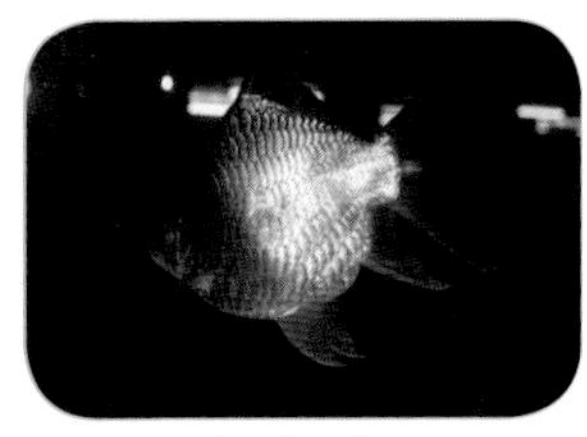
短身型

彩石鳑鲏

Rhodeus lighti

鲤形目 Cypriniformes
鲤　科 Cyprinidae

基本饲养信息：

10 ~ 24

7 cm

6.5 ~ 7.2

5 ~ 30
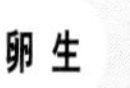

自然分布：中国、日本、朝鲜的清澈小河中。

饲养历史：从 19 世纪末开始已被日本人作为观赏鱼饲养，2000 年后随着地域原生观赏鱼风潮的兴起，中国水族爱好者开始关注鳑鲏。

饲养要点：需要良好的饲养环境，清澈的水质，夏天要给水族箱内降温。过热和缺氧会大量死亡。

繁殖：春季发情，雄鱼出现婚姻色，用特殊的输卵管，产卵于河蚌内。每种鳑鲏繁殖时对应不同的河蚌，河蚌对应不正确，不能产卵。

宽鳍鱲

Zacco platypus

鲤形目 Cypriniformes
鲤　科 Cyprinidae

基本饲养信息：

10～24

10 cm

6.5～7.5

5～40

自然分布：中国、日本、朝鲜的山区溪流中，从黑龙江到澜沧江水系都有分布。

饲养历史：2000 年后随着中国原生观赏鱼热潮而被重视。随后作为观赏鱼进行贸易。

饲养要点：成群活动，容易受到惊吓，受惊后会在水族箱内横冲直撞，有时会撞到玻璃上死亡。夏天要给水族箱降温。

繁殖：季节性产卵，春季水温 10 ℃左右时自然产卵。

金丝鱼

Tanichthys albonubes

鲤形目 Cypriniformes
鲤　科 Cyprinidae

♂

♀

基本饲养信息：

18 ~ 32

4 cm

6.0 ~ 7.2

5 ~ 20
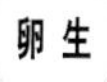

自然分布：中国广东省广州市白云山山区的溪流中。

饲养历史：1920 年前后开始被作为观赏鱼饲养，1949 年以前就有个体被作为观赏鱼输出到国外。

饲养要点：非常容易饲养，只要不被大鱼吃掉就能活得很好。

繁殖：成熟后会在水族箱中自然产卵，产卵于水草丛中。

变种与人工培育：

黄化型

长鳍型

红尾金丝鱼

Rasbora borapetensis

鲤形目 Cypriniformes
鲤　科 Cyprinidae

基本饲养信息：

18 ~ 32

6 cm
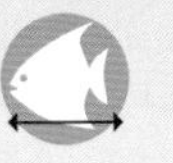

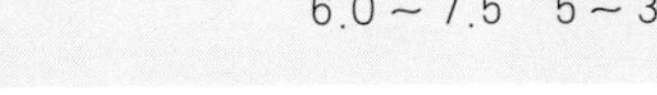
6.0 ~ 7.5　5 ~ 30

自然分布：泰国和马来西亚境内的小河中。

饲养历史：1934 年被命名，之后作为观赏鱼引进到欧洲，1950 年前后传入中国。

饲养要点：容易饲养，喜成群游泳。

繁殖：繁殖容易，在水族箱中能自然产卵。

火翅金钻鱼

Microrasbora sp. "galaxy"

鲤形目 Cypriniformes
鲤　科 Cyprinidae

基本饲养信息：

23～29

3 cm

6.0～7.2

5～30

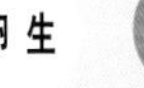

自然分布：中国广东南部和缅甸的清澈小河中。

饲养历史：2000年后发现的新物种，至今没有定名，但已被当做观赏鱼进行贸易。

饲养要点：较小，胆怯，喜欢躲藏，并成小群游泳。不能和大型或性情暴躁的鱼饲养在一起。

繁殖：需要提供低硬度的中性水，水质要清澈无污染，纯净水中也可以繁殖，但小鱼非常脆弱，成活率很低。

蚂蚁灯鱼

Boraras merah

鲤形目 Cypriniformes
鲤　科 Cyprinidae

基本饲养信息：

23 ~ 29

2 cm

5.5 ~ 7.0

0 ~ 15

自然分布：印度尼西亚加里曼丹岛西部与南部的静水河流中。

饲养历史：1991 年才被发现命名，最早引进台湾地区作为观赏鱼，2005 年后传入大陆。

饲养要点：娇小，需要单独成小群饲养，容易患病，患病后死亡速度快，要保持饲养水质的清洁。

繁殖：成熟后在软水中产卵，卵小而不容易孵化，幼鱼细小很难培育。

亚洲红鼻鱼

Sawbwa resplendens

鲤形目 Cypriniformes
鲤　科 Cyprinidae

基本饲养信息：

23～29

4 cm

5.5～7.2

0～15

自然分布： 缅甸的清澈小河中。

饲养历史： 1918 年被发现并命名，但直到 2005 年后才被作为观赏鱼广泛进行贸易。

饲养要点： 需要饲养在有一定硬度的中性略偏碱性的水中。如果水质不好，头部和尾鳍的红色会消失。

繁殖： 如果水质够好，成熟后会在水族箱中自然产卵。

蓝带斑马鱼

Danio erythromicron

鲤形目 Cypriniformes
鲤 科 Cyprinidae

基本饲养信息：

23 ~ 29

3 cm

5.5 ~ 7.2

5 ~ 15

自然分布：中国云南南部和缅甸的小河中。

饲养历史：1918 年被发现并命名，2000 年后作为观赏鱼进行贸易，首先输入的国家是日本，其次是中国台湾地区。

饲养要点：个体很小，喜欢成群活动，善于躲藏，在水草茂密的水族箱中不容易找到。

繁殖：繁殖不难，保持水质清澈，成熟后会自然产卵。幼鱼很小，不容易养活。

彩虹精灵鱼

Cyprinella lutrensis

鲤形目 Cypriniformes
鲤　科 Cyprinidae

基本饲养信息：

10 ~ 26

10 cm

6.8 ~ 7.2

10 ~ 30

自然分布：美国东部河流中。

饲养历史：1853 年被命名，一直是美国水族馆的重要展示品种。之后被引进到欧洲繁殖，人工培育将该鱼在繁殖期才出现的婚姻色，稳定到一年四季都出现。20 世纪末传入中国。

饲养要点：容易饲养，成群活动，能接受所有饲料，吃水草嫩芽。夏天要为水族箱降温才能养活。

繁殖：据说繁殖方式和金鱼类似，在户外养殖，每年开春产卵，如果没有温度变化刺激，不会产卵。

蛇仔鱼（苦力鳅）

Pangio kuhlii

鲤形目 Cypriniformes
鳅　科 Cobitidae

基本饲养信息：

23 ~ 29

8 cm

5.5 ~ 6.8

5 ~ 25
卵 生

自然分布：泰国、印度尼西亚的苏门答腊岛和加里曼丹岛、马来西亚的静水河流、湖泊中。

饲养历史：1990年后从东南亚传入中国成为常见小型观赏鱼。

饲养要点：容易饲养，食性广泛，水质适应性强，但经常躲藏，不容易看到。

繁殖：繁殖和泥鳅一样，之前需要注射激素刺激发情，人工繁殖几代后可以自然繁殖。

小提琴鱼（爬岩鳅）

Beaufortia Leveretti

鲤形目 Cypriniformes
平鳍鳅科 Homalopteridae

基本饲养信息：

12～22

8 cm

6.8～7.2

5～15
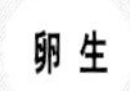

自然分布：有多个种，分布广泛，最常见的品种分布于中国四川、重庆、云南、贵州的山区溪流中。

饲养历史：1995 年曾作为观赏鱼在国内市场销售，但不能养活。2005 年后随着饲养技术提高和养殖设备的进步，使该鱼可以在水族箱中存活很久。

饲养要点：水质一定要好，达到山泉水的标准才可以。而且要用水泵制造湍急的水流。不能喂给动物性饵料，否则会死亡，只能吃青苔类食物。夏天要为水族箱降温。

繁殖：没有人工繁殖记录，主要靠野外捕捞。

三间鼠鱼

Botia Macracantha

鲤形目 Cypriniformes
鳅　科 Cobitidae

基本饲养信息：

23 ~ 29

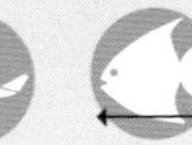
35 cm

5.5 ~ 7.2

0 ~ 30

自然分布： 印度尼西亚的苏门答腊岛和加里曼丹岛。

饲养历史： 大概有 60 年左右的饲养历史。1990 年后传入中国。

饲养要点： 非常胆怯，需要 3 ~ 5 条成小群饲养，当然大群饲养更好，单独饲养一条经常会被吓死，或在晚上跳出水族箱。

繁殖： 需要旱季和雨季的变化刺激发情，国外养殖场主要在捷克，他们利用注射激素的方式刺激产卵。

蓝皮鼠鱼

Botia modesta

鲤形目 Cypriniformes
鳅　科 Cobitidae

基本饲养信息：

23 ~ 29

25 cm

5.5 ~ 7.2

3 ~ 30
卵生

自然分布：亚洲的湄公河和湄南河流域。

饲养历史：大体与三间鼠鱼相同。

饲养要点：胆小容易受到惊吓，需要成小群饲养。成年后鲜艳的蓝色消失。

繁殖：国外繁殖场靠注射激素达到繁殖目的。

九间鼠鱼

Botia striata

鲤形目 Cypriniformes
鳅　科 Cobitidae

基本饲养信息：

23 ~ 29

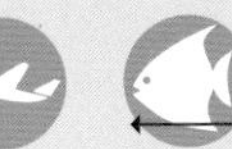
12 cm

6.8 ~ 7.5

5 ~ 30
卵生

自然分布： 亚洲印度西高止山及马哈拉斯查省的溪流。

饲养历史： 1950 年后作为观赏鱼输出到欧洲，1990 年后传入中国。

饲养要点： 容易饲养，但擅长隐蔽，胆怯，不容易接受人工饲料。喜欢吃小型蠕虫。

繁殖： 国外养殖场靠注射激素达到繁殖目的。

长薄鳅（中华虎鱼）

Leptobotia Elongata

鲤形目 Cypriniformes
鳅　科 Cobitidae

基本饲养信息：

10～25

20 cm

6.5～7.5

5～20
卵生
♂♀

自然分布：中国的金沙江水系、长江中下游、岷江、嘉陵江、沱江、渠江和涪江水系的中下游。

饲养历史：2000年后受到本土原生观赏鱼热潮的影响，被作为观赏鱼进行贸易。

饲养要点：野生个体需要精心照料一个月左右，提供优良的水质环境，并且用活食引诱，否则不进食。适应环境后，非常好养。

繁殖：尚无水族箱繁殖记录，交易个体靠野外捕捞。

胭脂鱼

Myxocyprinus Asiaticus

鲤形目 Cypriniformes
下口鱼科 Cyprinidae

基本饲养信息：

8 ~ 25

120 cm

6.0 ~ 8.0

10 ~ 50
卵生

自然分布： 中国长江内特有物种，野生个体稀少，国家二级保护动物。目前人工繁殖量很大。

饲养历史： 在中国至少有 100 年的饲养历史，幼鱼高大的背鳍有一帆风顺的寓意。

饲养要点： 需要很大的水族箱，幼体进入新环境会绝食一段时间。家庭中不容易养大。

繁殖： 市场上的幼体来自国家良种养殖场，成体观赏用鱼主要供应公众水族箱展览。

青苔鼠鱼

Gyrinocheilus aymonieri

鲤形目 Cypriniformes
双孔鱼科 Gyrinocheilidae

基本饲养信息：

18 ～ 32

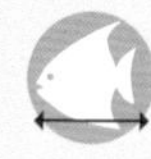
8 cm

6.0 ～ 8.0

10 ～ 50
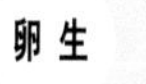

自然分布：有多个种，难以分辨。最常见的分布于澜沧江支流水系。

饲养历史：是最早用在水草水族箱中清除藻类的工具鱼。1995 年前后见于市场上。

饲养要点：容易饲养，什么都吃，生长速度快，成体后会驱赶小鱼。

繁殖：需要温度刺激产卵，人工养殖要注射激素刺激发情。

变种与人工培育：

金苔鼠鱼（黄化型）

金鲫鱼

Carassius cuvieri

鲤形目 Cypriniformes
鲤　科 Cyprinidae

基本饲养信息：

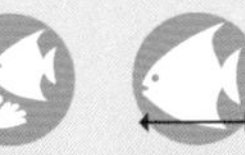

自然分布：野生红鲫鱼分布于中国长江流域各地，最早的历史记录是在浙江嘉兴。

饲养历史：金鱼有 600 多年的人工培育历史，是世界上最古老的观赏鱼。早在 16 世纪就出口到了日本。

注意事项：最好饲养在大水族箱中，能吃能拉，过滤器一定要强大。如果长期缺少光线照射，所有颜色都会蜕变成白色。

繁殖：温带和亚热带地区在春季产卵，寒带在初夏，热带四季都产卵。

变种与人工培育：

人们几乎将金鲫鱼变成了自己想要的任何形态：

短身形

琉金形

球形

蛋形

纺锤形

金鲫鱼的人工培育品种（金鱼）

短尾文鱼

长尾文鱼

布里斯托福朱文锦

珍珠鳞

琉金

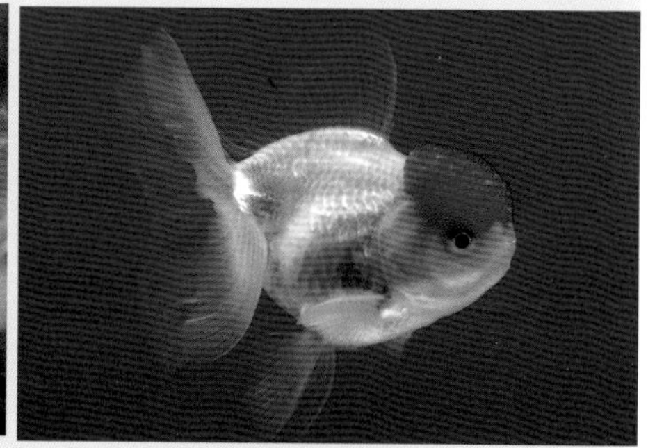

鹤顶红（红帽子）

金鲫鱼的人工培育品种（金鱼）

皇冠珍珠

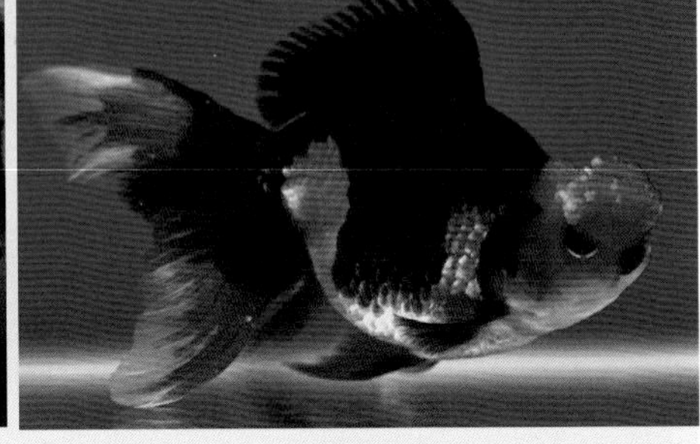
绒球

五花狮子头

熊猫龙睛

白狮子头

黑白虎头

金鲫鱼的人工培育品种（金鱼）

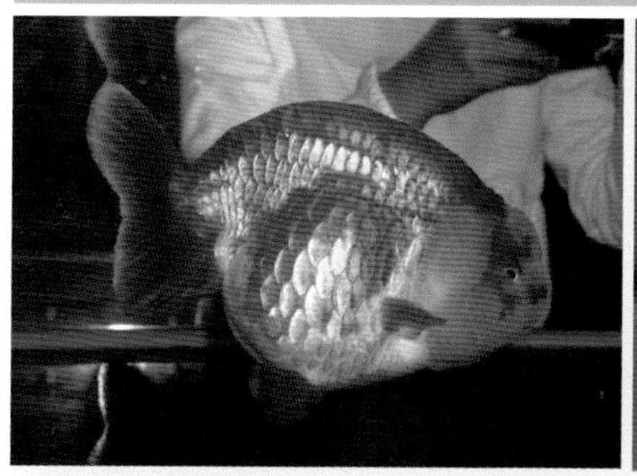

福寿

水泡眼

铁包金福寿

泰国狮子头

短尾龙睛

红白虎头

锦鲤

Cyprinus carpio

鲤形目 Cypriniformes
鲤　科 Cyprinidae

基本饲养信息：

5 ~ 30

100 cm

6.0 ~ 8.2

2 ~ 60

自然分布：锦鲤的祖先是产于中国黄河流域的鲤鱼。

饲养历史：锦鲤在日本有400年左右的饲养历史，最早人们把突变的食用鲤鱼单独饲养繁殖，得到了红色和白色的个体，然后进行杂交选育，产生了丰富多彩的花色。

饲养要点：需要饲养在家庭池塘里，在水族箱中不可能生长得很好。

繁殖：每年春季产卵，产卵量非常大，需要严格筛选，通常10000条幼鱼中能有一条精品就很不错了。

锦鲤的各种花色

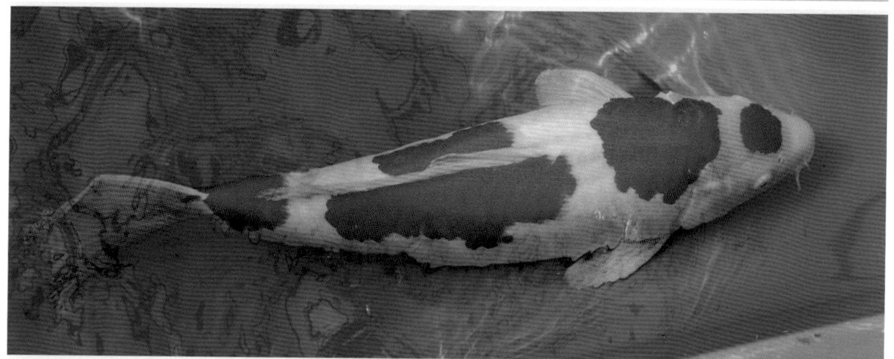

红白

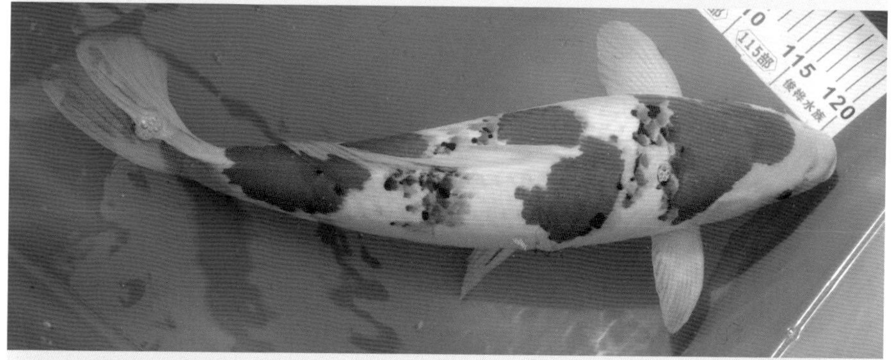

大正三色

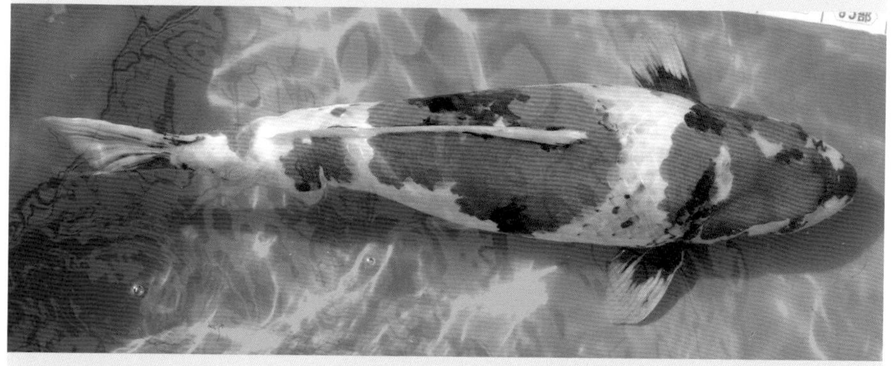

昭和三色

锦鲤的各种花色

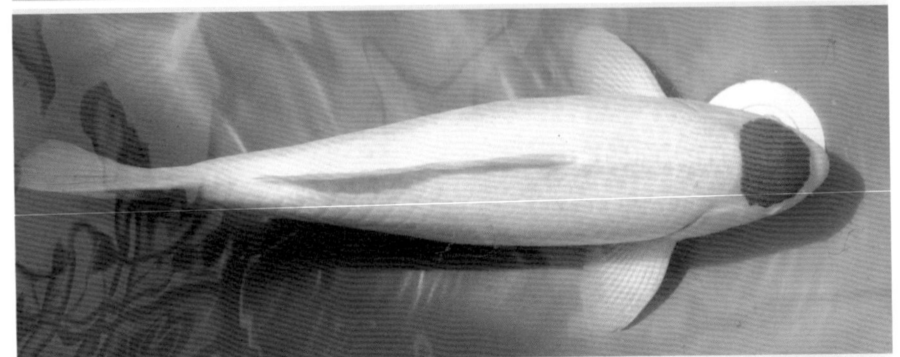

丹顶

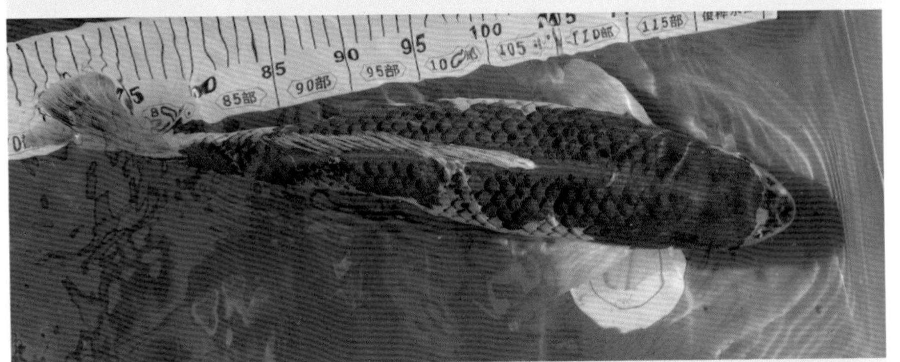

蓝衣

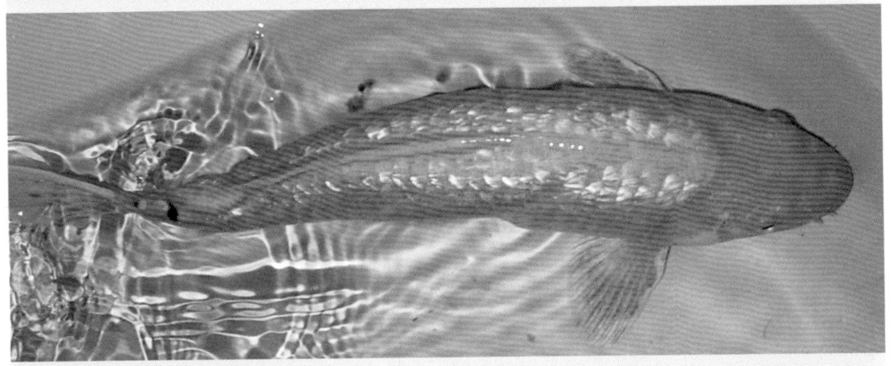

荧鳞黄金

锦鲤的各种花色

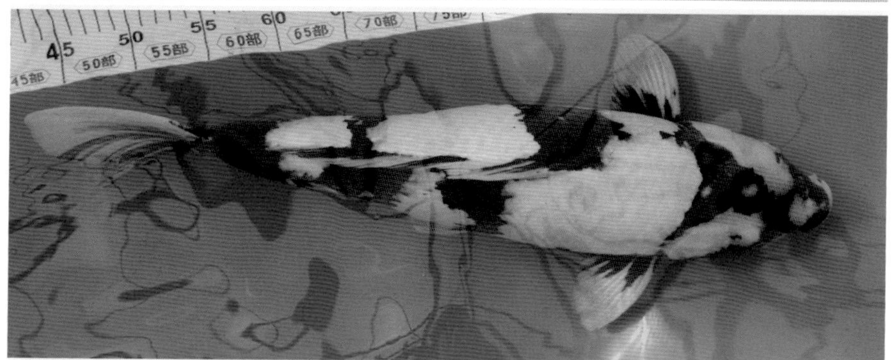

白写

红鲤

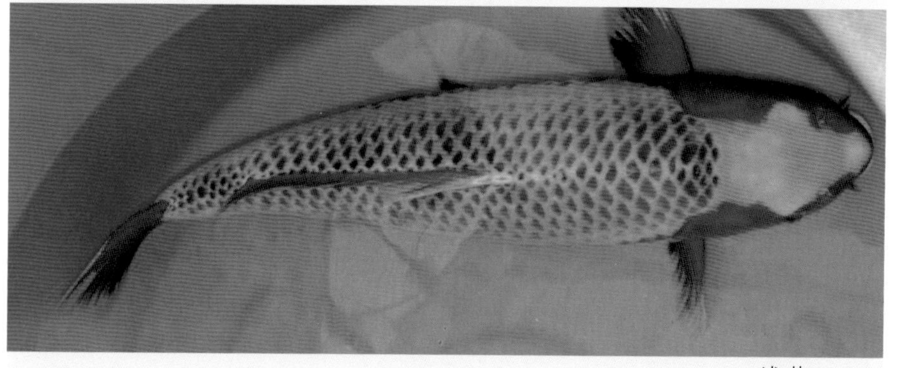

浅黄

美洲慈鲷

美洲慈鲷和非洲慈鲷算是慈鲷大家族中的一脉两支，都属于隆头鱼亚目（Labroidei）的慈鲷科（Cichlidae）。

相对非洲慈鲷来说，美洲慈鲷的概念并不被大多数人了解，因为它们的属种分化得更加多样，所以很多人不相信它们属于一类。早期为人们熟知的美洲慈鲷，如溪宝丽鱼属（*Aequidens*）的红尾皇冠及同属的蓝宝石，作为大型鱼类的图丽鱼属（*Astronotus*）的地图鱼和丽鱼属（*Cichla*）的皇冠三间——很多人将皇冠三间误认为鲈鱼，但从它的学名就可以看出，其所在的丽鱼属才是慈鲷科中的模式属（全科鱼类的分类方法以该属鱼类为参照物）。

另外一个大的类群便是火口类，这里面体现了美洲慈鲷分化的复杂性。例如红肚火口属于火口鱼属（*Thorichthys*），而紫红火口鱼则属于副尼丽鱼属（*Paraneetroplus*）；胭脂火口鱼早先归于丽体鱼属（*Cichlasoma*），后又划分至副尼丽鱼属；而与火口类似同样有绯色表现的的狮王鱼则属于高地丽鱼属（*Hypselescara*）；看上去毫无关系的银翡翠倒是和火口们同属副尼丽鱼属。这种从外形上完全找不到章法的分类情况在美洲慈鲷中并不少见，例如看上去可以归为一类的花老虎和德州豹，其实前者归为副丽体鱼属（*Parachromis*），后者则归为德州丽鱼属（*Herichthys*）。

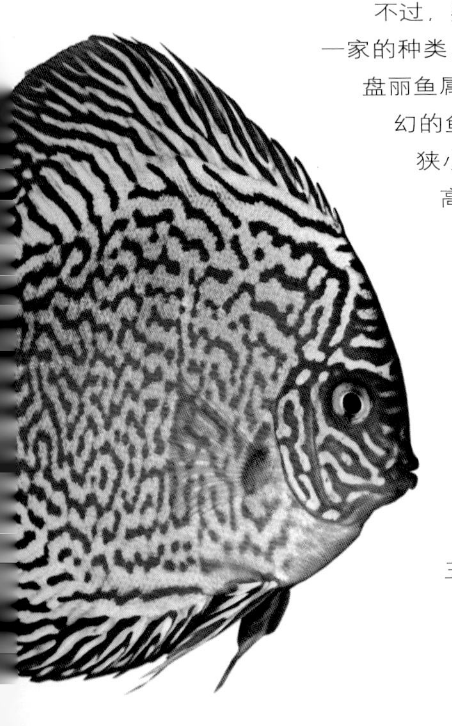

不过，美洲慈鲷中也确有分化到极致，风格上完全自成一家的种类，其中当属神仙鱼属（*Pterophyllum*）的神仙鱼和盘丽鱼属（*Symphysodon*）的七彩神仙鱼。这两种一如梦幻的鱼类由于要长期生存在水流相对静止且空间较为狭小、又遍布着树根、水草的水域中，所以进化出高扁的体形以限制游速，同时提高转弯的效率，大大优化了身体的灵活性，显示出慈鲷家族对外在环境强大的适应性。

美洲慈鲷真正被统一的称谓是短鲷类群，隐带丽鱼属（*Apistogramma*）包含了很多知名品种如酋长短鲷，阿卡西短鲷和荷兰凤凰鱼等则分属于双缨鱼属（*Dicrossus*）和小噬土丽鲷属（*Mikrogeophagus*）。非洲大陆亦有一群短鲷类鱼，如矛耙丽鱼属（*Pelvicachromis*）的红肚凤凰，短彩头鲷属（*Nanochromis*）的白玉凤凰等，与美洲的短鲷类群遥相呼应。

神仙鱼

Pterophyllums carale

鲈形目 Perciformes
慈鲷科 Cichlaidae

基本饲养信息：

24 ~ 30

15 cm

5.5 ~ 7.2

5 ~ 30

自然分布：南美洲秘鲁、圭亚那、巴西境内的亚马孙河流域。

饲养历史：饲养历史悠久，1823 年被命名之前已作为实验鱼类和收藏品输送到欧洲，1850 年后人工繁殖成功，成为世界著名观赏鱼。1880 年左右传入中国香港和台湾地区，1920 年前后传入中国大陆。

饲养要点：容易饲养，喜欢吃动物性饵料，也接受人工饲料。成熟后成对生活，雄性具有攻击性，会袭击并吞噬小型鱼类。

繁殖：繁殖容易，成熟后自然产卵在水族箱中的水草叶片或成 45° 竖立的任何介质上，卵孵化后亲鱼看护小鱼。

神仙鱼的人工培育品种

斑马神仙

蓝斑马神仙

黑神仙

三色神仙

神仙鱼的人工培育品种

白神仙

长尾神仙

熊猫神仙

金头神仙

神仙鱼的人工培育品种

云石神仙

钻石神仙

蓝神仙

阴阳神仙

埃及神仙鱼

Pterophyllum altum

鲈形目 Perciformes
慈鲷科 Cichlaidae

基本饲养信息：

24 ~ 30

18 cm

5.5 ~ 7.2

0 ~ 30
卵生

自然分布：南美洲委内瑞拉南部的奥里诺科河、巴西的内格罗河、哥伦比亚等。

饲养历史：1903 年才被命名，因为对水质敏感而不能人工养活。2000 年后才被作为观赏鱼进行贸易，2003 年后传入中国。

饲养要点：野生个体需要长时间的细心照料，不能频繁换水，每次注入新水要非常小心。适应本地水质后，很容易饲养。

繁殖：德国和台湾地区已有人工繁殖记录，但人工个体不如野生美丽，贸易中的个体主要靠野外捕捞。

长吻神仙鱼

Pterophyllum leopoldi

鲈形目 Perciformes
慈鲷科 Cichlaidae

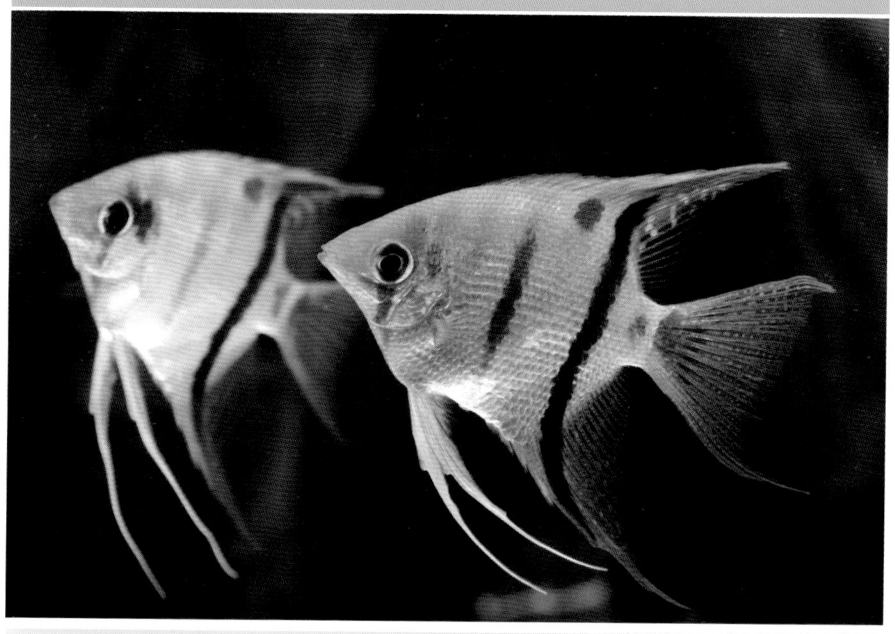

基本饲养信息：

24 ~ 30

12 cm

5.5 ~ 7.2

0 ~ 30
卵生

自然分布：南美洲，圭亚那、苏里南境内的亚马孙河支流。

饲养历史：1956 年被定名，一直没有被作为观赏鱼，直到 2010 年后才有鱼类收集爱好者到处寻找购买，市场上零星出现了野生个体。

饲养要点：同埃及神仙鱼。

繁殖：因为观赏价值不高，目前没有人工繁殖和培育记录。

黑格尔七彩神仙鱼

Symphysodon discus

鲈形目 Perciformes
慈鲷科 Cichlaidae

基本饲养信息：

27～32

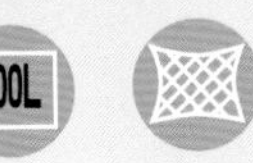

20 cm

5.5～7.2

0～30
卵生

自然分布：亚马孙河流域中、下游的支流，内格罗河等。

饲养历史：1840年由约翰·贾巴赫·黑格尔命名，1958年第一次有活体运输到欧洲。1980年后传入中国。

饲养要点：野生个体很脆弱，需要稳定的水质，精心照料，不能接受人工饲料，需要喂食虾肉、牛心或孑孓。

繁殖：在弱酸性水中产卵于倾斜立于水中的器物上，卵需要低硬度的水才能孵化。幼鱼贴附在亲鱼体表吸食分泌物，直到可以吃大型鱼虫。

七彩神仙鱼

Symphysodon aequifasciatus

鲈形目 Perciformes
慈鲷科 Cichlaidae

基本饲养信息：

28 ~ 32　20 cm

    卵生 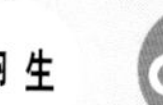 

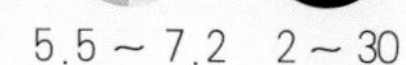

5.5 ~ 7.2　2 ~ 30

自然分布：有蓝、绿、棕三个亚种，分布在亚马孙河中、下游大部分支流内。以玛瑙斯和圣塔伦地区的最著名。

饲养历史：比黑格尔七彩发现略晚，但输入欧洲的时间一样。人工繁殖个体自 20 世纪 70 年代末经香港地区传入我国大陆。

饲养要点：野生个体饲养同黑格尔神仙，人工培育个体略微好养，但不能忍受水质突变，容易患肠道寄生虫病，有些品种在长期近亲繁殖的情况下，抵抗力低下，需要长期喂给专用药物。

繁殖：同黑格尔神仙鱼。

七彩神仙鱼的人工培育品种

蓝松石

红盖子

红眼鸽子红

棋盘鸽子红

七彩神仙鱼的人工培育品种

天子蓝

雪玉

蛇纹

红松石

七彩神仙鱼的人工培育品种

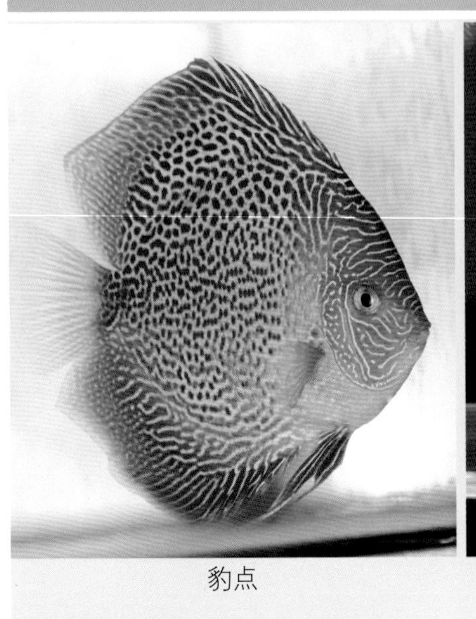
豹点

黄金

雪山豹点

红眼豹点

七彩神仙鱼的人工培育品种

红豹点

朱月

立纹松石

蓝松石（全蓝型）

地图鱼

Astronotus ocellatus

鲈形目 Perciformes
慈鲷科 Cichlaidae

基本饲养信息：

25 ~ 30

35 cm

6.0 ~ 7.2

5 ~ 40
卵生

自然分布： 南美洲的圭亚那，委内瑞拉，巴西境内的亚马孙河流域。

饲养历史： 1940 年后传入欧洲成为观赏鱼，20 世纪 80 年代末传入中国。

饲养要点： 容易饲养，吞噬小鱼，但不欺负体型相近的鱼类。喜高温、高溶氧量的水质环境，能吃能拉，如果没有强力的过滤器，饲养水总是很浑浊。

繁殖： 成熟后成对生活，产卵于平滑的石块上，在水族箱中能自然繁殖，亲鱼护卵并照顾幼鱼。

地图鱼的人工培育品种

红黑地图（猪仔鱼）

金地图

金花地图

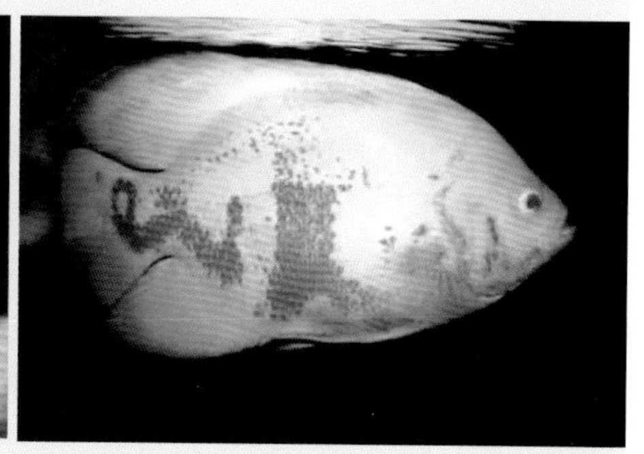

白玉地图

泰国红

全红（白化型）

皇冠三间鱼

Cichla ocellaris

鲈形目 Perciformes
慈鲷科 Cichlaidae

基本饲养信息：

24 ~ 30

50 cm

6.0 ~ 8.0

10 ~ 60

♂♀

自然分布：巴西东部，亚马孙河中、下游地区。

饲养历史：在原产地是高档的食用鱼。自 20 世纪 80 年代东南亚国家相继引进养殖作为替代石斑鱼的高档食用鱼。幼体常被当做观赏鱼出售，成体也供应公众水族馆展览。

饲养要点：强壮，容易饲养，非常能吃，吞噬小鱼，同种间时常有争斗，但不欺负其他同体型的鱼。

繁殖：主要在热带养殖场的池塘里繁殖，繁殖很容易，但需要很大的环境，供亲鱼挖掘产卵巢。

菠萝鱼

Heros severus

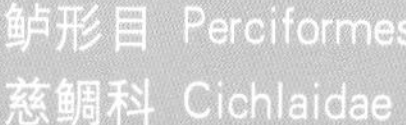

基本饲养信息：

24 ~ 30

25 cm

6.0 ~ 7.2

5 ~ 30

自然分布：圭亚那境内的亚马孙河支流。

饲养历史：1950 年前后传入欧洲，人工大量繁殖，1980 年后传入中国。

饲养要点：容易饲养，喜欢高温和水质稳定的环境，成年后成对活动，雄性间具有攻击性。

繁殖：成熟后自然产卵于水族箱内平滑的石头上。亲鱼看护鱼卵和幼鱼，水质过硬会影响孵化。

变种与人工培育：

金菠萝鱼（黄化）

火口鱼

Cichlasoma meeki

鲈形目 Perciformes
慈鲷科 Cichlaidae

基本饲养信息：

24 ~ 30

15 cm

5.5 ~ 7.2

3 ~ 30

卵生

自然分布：南美洲墨西哥和危地马拉的河流中。

饲养历史：饲养历史悠久，至少在20世纪初期已被引进欧洲作为观赏鱼养殖。1980年前后传入中国。

饲养要点：性情暴躁，爱在水族箱中横冲直撞，不能和胆小的鱼饲养在一起，成年后吞噬小鱼，毁坏水族箱内景观。

繁殖：容易繁殖，成熟后能自然产卵于水族箱底部，不过目前市场上出售的大多是雄鱼。

狮王鱼

Hypselescara temporalis

鲈形目 Perciformes
慈鲷科 Cichlaidae

基本饲养信息：

24 ~ 30

30 cm

5.5 ~ 7.2

3 ~ 30

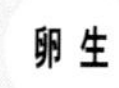

自然分布：南美洲巴西境内的河流。

饲养历史：20 世纪 50 年代以后传入欧洲作为观赏鱼。1990 年前后曾一度风靡台湾地区，1993 年后传入大陆地区，但没有被重视，现在已很难见到。

饲养要点：容易饲养，幼体暗淡无色，随着生长逐渐展现出美丽的色彩和身姿，雄鱼要到 2 岁左右才达到最漂亮的样子。

繁殖：性成熟后会在水族箱中自然产卵，亲鱼看护鱼卵和幼鱼。

变种与人工培育：

白色型

玉面皇冠鱼

Aequidens rivulatus

鲈形目 Perciformes
慈鲷科 Cichlaidae

基本饲养信息：

24 ~ 30

35 cm

6.8 ~ 7.5

5 ~ 30

自然分布：广泛分布在南美洲的亚马孙河及其支流中。

饲养历史：一直是原产地的重要食用鱼，1999 年作为观赏鱼引进到台湾地区，2000 年后进入大陆。

饲养要点：强壮，容易饲养，成年后雄性间争斗明显，吞噬小鱼，发情时驱赶其他鱼。在微酸性水质中颜色亮丽，富有金属光泽。

繁殖：容易繁殖，性成熟后能在水族箱中自然产卵。

珍珠关刀鱼

Geophagus surinamensis

鲈形目 Perciformes
慈鲷科 Cichlaidae

基本饲养信息：

24～30

25 cm

6.0～7.2

5～30
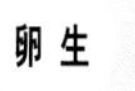

自然分布：南美洲静止及流动缓慢的水流中，圭亚那南部的亚马孙河支流。

饲养历史：20 世纪 80 年代开始引进到欧洲饲养，20 世纪 90 年代传入中国，当时叫朱巴丽鱼。2007 年后开始使用香港名“关刀”。

饲养要点：容易饲养，喜欢弱酸性带有略微黄色的水质。在硬水中颜色暗淡。个体大，吞食小鱼，但和大鱼可以和睦相处。

繁殖：成熟亲鱼在水族箱挖沙坑产卵，将卵含入口中孵化。

德州豹鱼

Herichthys carpintis

鲈形目 Perciformes
慈鲷科 Cichlaidae

基本饲养信息：

20 ~ 30

20 cm

6.5 ~ 8.0

10 ~ 50

自然分布：美国得克萨斯州到墨西哥的河流中。

饲养历史：是北美普遍的垂钓鱼类，20 世纪 90 年代后作为观赏鱼引入中国。

饲养要点：强壮，容易饲养，能和同体型的鱼类混养，对饵料和水质的适应能力很强。

繁殖：成熟后能在水族箱中自然产卵，养殖场多放入花盆，让其产卵于花盆内。

花老虎鱼

Parachromis managuense

鲈形目 Perciformes
慈鲷科 Cichlaidae

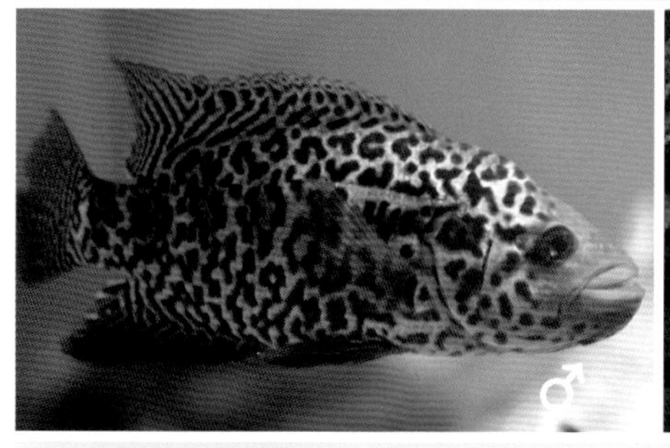
♂

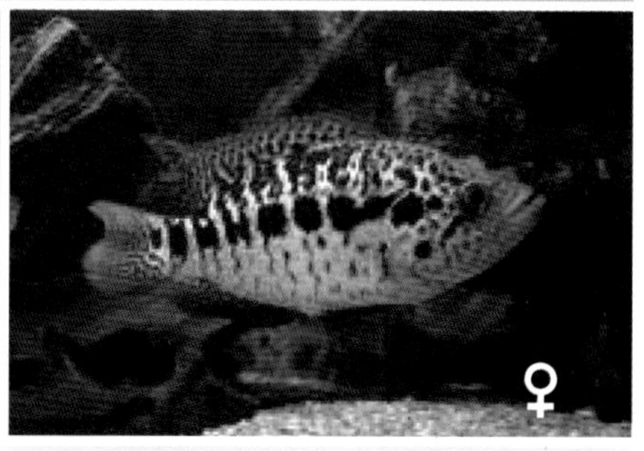
♀

基本饲养信息：

20 ~ 30

35 cm

6.0 ~ 7.2

10 ~ 50
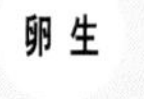

自然分布：中美洲的洪都拉斯的乌卢阿（Ulua）河至哥斯达黎加玛蒂娜（Matina）河的溪流和湖泊中。

饲养历史：1985 年后作为观赏鱼引入中国。2000 年后作为食用鱼在广东、广西广泛养殖。

饲养要点：非常强壮，容易饲养，成熟后雄性间有比较强的打斗现象。贪吃，生长速度快。

繁殖：成熟后自然产卵于石块和沙坑中。亲鱼看护鱼卵和幼鱼。

变种与人工培育：

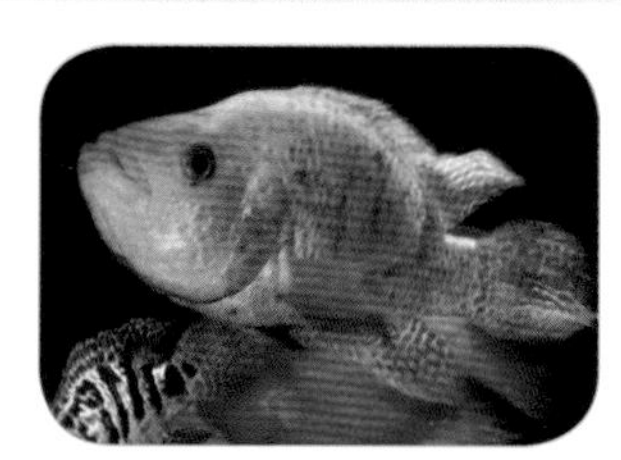
红色型（杂交）

紫衣皇后鱼

Archocentrus sajica

鲈形目 Perciformes
慈鲷科 Cichlaidae

基本饲养信息：

24 ~ 30

15 cm

6.0 ~ 7.5

10 ~ 30
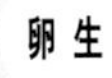

自然分布：南美洲危地马拉的静水河流中。

饲养历史：1995 年被引进到台湾作为观赏鱼饲养，2000 年和 2008 年两次零星传入大陆，但都没有受到重视。

饲养要点：有些胆怯，最好饲养在种植水草的水族箱中，需要水质良好才能展现出优美的色彩。

繁殖：水质良好的情况下，能在水族箱中自然产卵。

牛头鱼

Geophagus steindachneri

鲈形目 Perciformes
慈鲷科 Cichlaidae

基本饲养信息：

24～30

12 cm

6.0～7.2

5～30
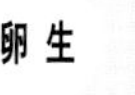

自然分布：哥伦比亚玛格达莱娜(Magdalena)河的上游以及支流当中。

饲养历史：1980 年后作为观赏鱼引进到台湾地区。随后德国和部分欧洲国家也有引进，1995 年后传入中国大陆地区。

饲养要点：容易饲养，但雄性间争斗现象严重，发情的雄鱼也攻击未发情的雌鱼和其他鱼类，最好单独饲养，或与体型大的鱼饲养在一起。

繁殖：性成熟后能自然繁殖，1 条雄鱼可搭配 10 条左右雌鱼一起繁殖。卵产在水族箱底部砂石中，孵化成小鱼后，雌鱼将小鱼含入口中保护。

和尚鱼

Gymnogeophagus balzanii

鲈形目 Perciformes
慈鲷科 Cichlaidae

基本饲养信息：

24 ~ 30

15 cm

5.5 ~ 7.2
dH
5 ~ 25
卵生

自然分布：南美洲巴拉圭的巴拉圭河及支流中。

饲养历史：1995 年作为观赏鱼传入台湾地区，2000 年后引进到大陆地区。在欧洲没有受到重视。

饲养要点：容易饲养，雄性比雌性大一倍，发情后具有攻击性。

繁殖：与牛头鱼相似。

孔雀鲷鱼

Crenicichla acutirostris

鲈形目 Perciformes
慈鲷科 Cichlaidae

基本饲养信息：

24 ~ 30

30 cm

5.5 ~ 6.8

5 ~ 25

自然分布：南美洲的塔巴鸠斯（Tapajos）河与阿里普阿南（Aripuana）河流域。

饲养历史：1990年前后曾被引进到中国，当时没有受到重视，2010年后亚马孙野生鱼潮流的兴起，使该类鱼多个品种再度被引进，十分受欢迎，价格非常高。

饲养要点：凶猛，吃小鱼，且攻击大型鱼类，只能和强健的鱼类一起饲养。幼体颜色暗淡，成年发情后具有多种渐变的颜色。

繁殖：成熟后成对生活，能在水族箱中自然产卵。

七彩菠萝鱼

Nandopsis salvini

鲈形目 Perciformes
慈鲷科 Cichlaidae

基本饲养信息：

24 ~ 30

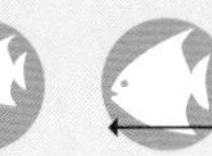
20 cm

6.0 ~ 7.8

5 ~ 30
卵生

自然分布：墨西哥南部河流到入海口的水域。

饲养历史：1980 年后从原产地传入欧洲和台湾地区，1995 年后作为观赏鱼传入大陆，2009 年再次由台湾地区引入人工繁殖后代时才被重视。

饲养要点：容易饲养，同水族箱中最好只饲养一条雄鱼，饲养多条时，也只有一条能具有鲜艳的颜色。

繁殖：在水质良好的情况下，能在水族箱中自然繁殖。

胭脂火口鱼

Vieja maculicauda

鲈形目 Perciformes

慈鲷科 Cichlaidae

基本饲养信息：

22 ~ 30

40 cm

6.0 ~ 7.8

10 ~ 35

♂♀

自然分布：墨西哥南部、尼加拉瓜、巴拿马、哥斯达黎加的河流中。

饲养历史：1995 年前后就被引进到中国作为大型观赏鱼，十分受人欢迎，2003 年后随着罗汉鱼的兴起，退出主流观赏鱼的历史舞台。

饲养要点：强壮，容易饲养，饲养需要有耐心。3 岁以上身长超过 30 厘米的大鱼会展现出无与伦比的美丽。

繁殖：容易繁殖，在水质良好的情况下，在水族箱中自然产卵。

紫红火口鱼

Vieja synspila

鲈形目 Perciformes
慈鲷科 Cichlaidae

基本饲养信息：

    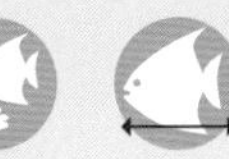   

22～30　40 cm

    卵生 

6.5～7.8　5～30

自然分布：中美洲的危地马拉。

饲养历史：20 世纪 80 中期末作为观赏鱼引进到台湾地区，随后进入大陆。是大型名贵观赏鱼。2003 年后被花罗汉鱼顶替，退出历史舞台。近两年随野生观赏鱼潮流，让该品种逐渐又受到重视。

饲养要点：强壮，容易饲养，需要生长到 1 年以上才会有美丽的颜色。个体越大越漂亮。

繁殖：成熟后在水族箱中自然产卵。

红魔鬼鱼

Amphilophus citrinellus

鲈形目 Perciformes

慈鲷科 Cichlaidae

基本饲养信息：

22 ~ 30

40 cm

6.5 ~ 7.8

5 ~ 40

卵生

自然分布：中南美洲尼加拉瓜、哥斯达黎加等地的河流中。

饲养历史：1864 年被定名，1940 年前后被作为观赏鱼进行贸易，1980 年后传入中国。目前地位已被血鹦鹉鱼取代。

饲养要点：容易饲养，但性情暴躁，颜色会随着生长而退却。攻击其他鱼类，可以和火口鱼类混养。

繁殖：性成熟后可在水族箱内自然繁殖，同属内多种鱼可以杂交。

血鹦鹉鱼

Vieja synspila × Amphilophus citrinellus

鲈形目 Perciformes
慈鲷科 Cichlaidae

基本饲养信息：

24 ~ 34

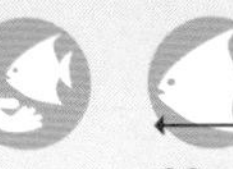
30 cm

6.0 ~ 8.0

10 ~ 50

自然分布：出于台湾地区的人工杂交鱼类，最早的品种是紫红火口和红魔鬼鱼杂交的后代，之后又进行了多种改良。

饲养历史：1994 年出现，1997 年开始供应亚洲观赏鱼市场。

饲养要点：由于亲体鱼并不是全红色的，血鹦鹉的颜色多半是靠人工在饲料中添加激素而刺激产生。如果停止激素饲料，颜色会退成粉色。如果饲养在淡黄色水中，并用粉色灯管照射，会显得更红。非常容易养。

繁殖：染色体不成对，可产卵，但不能孵化。

血鹦鹉鱼的花色品种

金刚鹦鹉

独角鹦鹉

财神鹦鹉

一颗心鹦鹉

红白鹦鹉

麒麟鹦鹉

花罗汉鱼

罗汉鱼的杂交方法目前还是商业秘密

鲈形目 Perciformes
慈鲷科 Cichlaidae

基本饲养信息：

24 ~ 34

35 cm

6.0 ~ 8.0

10 ~ 50

自然分布： 由马来西亚观赏鱼业者利用多种中美洲慈鲷杂交培育而成。

饲养历史： 1996 年第一代培育成功，轰动亚洲观赏鱼界，1998 年开始大量进入市场，2005 年后品种衰退，泰国饲养场饲养的罗汉出现了新的花色，从而受到重视。

饲养要点： 一个水族箱内只能饲养一条，攻击性很强，不能和任何鱼混养。主要用扬色饲料喂养。

繁殖： 性成熟后能自然产卵，幼鱼多数不具备亲鱼的特征。

花罗汉鱼的花色品种

珍珠和尚

猴王（泰国）

金斑马骝

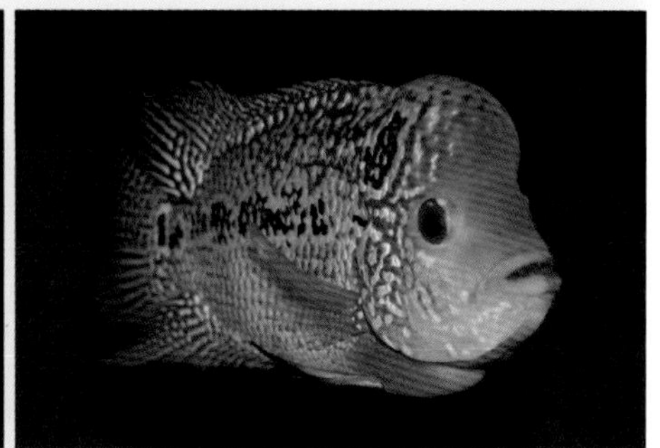

珍珠

明蓝

满花珍珠

七彩凤凰鱼

Papiliochromis ramirezi

鲈形目 Perciformes
慈鲷科 Cichlaidae

基本饲养信息：

24 ~ 30

8 cm

5.5 ~ 7.2

5 ~ 15

卵生

自然分布：南美洲委内瑞拉的河流、湖泊中。

饲养历史：饲养历史悠久，传入欧洲的时间不晚于1950年，1970年前后传入台湾地区，1990年后进入大陆，当时叫马鞍翅鱼。2000年后该鱼的人工改良种"荷兰凤凰鱼"受到了市场广泛欢迎，原种已不多见。

饲养要点：在水质良好的环境下，非常容易饲养。性情温顺，可以和小型鱼混养。

繁殖：成熟后成对活动，产卵于石块或花盆中。亲鱼看护幼鱼。

七彩凤凰的人工培育品种

金荷兰凤凰

荷兰凤凰

长尾荷兰凤凰

浅色荷兰凤凰

蓝宝凤凰

波仔凤凰（球身型）

阿卡西短鲷

Apistogramma agassizii

鲈形目 Perciformes
慈鲷科 Cichlaidae

♂

♀

基本饲养信息：

24 ~ 28

6 cm

5.5 ~ 6.5

0 ~ 12

自然分布：秘鲁北部到玛瑙斯、圣塔伦间的亚马孙河流域。

饲养历史：20 世纪 80 年代开始输出到欧洲，1997 年后引进到中国，是小型慈鲷里比较受欢迎的品种。目前流行趋势已过去，市场上已不多见。

饲养要点：需要饲养在弱酸性软水中，可以用泥炭为水提高酸度。在碱性硬水中生长良好。雄性间争斗明显，一个水族箱最好只饲养一对。

繁殖：一般成对饲养在水族箱中，自然繁殖。在小花盆中产卵，亲鱼看护鱼卵直到长大。

变种与人工培育：

黄化型

维吉塔短鲷

Apistogurамma viejita

鲈形目 Perciformes
慈鲷科 Cichlaidae

基本饲养信息：

24 ~ 28

5 cm

5.5 ~ 6.5

0 ~ 12

自然分布：哥伦比亚的梅塔河（Rio Meta）的静水区域中。

饲养历史：1979 年被命名，1990 年传入台湾地区，2000 年后引入大陆地区。

饲养要点：同阿卡西短鲷。

繁殖：成对饲养，自然繁殖，在硬度高的水中卵不能孵化。

凤尾短鲷

Apistogramma cacatuoides

鲈形目 Perciformes
慈鲷科 Cichlaidae

基本饲养信息：

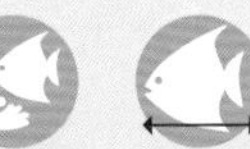

24～28　　6 cm

5.5～6.5　　0～15

自然分布：哥伦比亚、秘鲁境内的亚马孙河流域、马拉开波湖等水域。

饲养历史：是最早被引进的短鲷之一，饲养历史不晚于1990年，1997年后进入中国。

饲养要点：野生个体的饲养要点和其他短鲷相似，人工繁殖个体非常容易饲养，雄性间争斗明显，一个水族箱内只能饲养一对。

繁殖：自然繁殖在水族箱中的隐蔽处，最好放入小花盆供其产卵。

变种与人工培育：

黄色型

黄金短鲷

Apistogramma borellii

鲈形目 Perciformes
慈鲷科 Cichlaidae

♂

♀

基本饲养信息：

24～28

5 cm

5.0～6.5 0～15

自然分布： 巴拉圭、乌拉圭、巴拉那、巴西、玻利维亚、阿根廷境内的小河中。

饲养历史： 饲养历史比较长，1990年后引进到台湾地区，1995年进入大陆。

饲养要点： 需要饲养在弱酸性软水中，对水中氨氮含量敏感，要有强大的过滤系统，最好多种植水草。

繁殖： 同阿卡西短鲷。

熊猫短鲷

Apistogramma nijsseni

鲈形目 Perciformes
慈鲷科 Cichlaidae

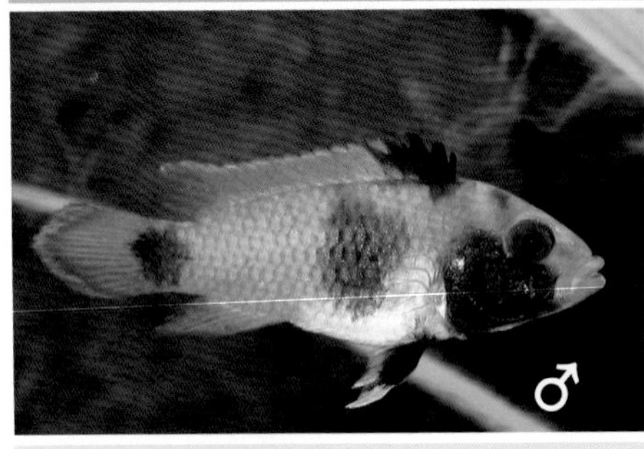

基本饲养信息：

24 ~ 28

4.5 cm

5.0 ~ 6.2

0 ~ 10

自然分布：南美洲秘鲁的小河中。

饲养历史：1997 年后随着短鲷潮流被引进到国内。

饲养要点：个体小，需要特殊照顾，对水质要求高，需要比较强大的过滤器来处理水质。

繁殖：同阿卡西短鲷。

酋长短鲷

Apistogramma bitaeniata

鲈形目 Perciformes
慈鲷科 Cichlaidae

基本饲养信息：

24 ~ 28

5 cm

5.0 ~ 6.2

0 ~ 10
卵生

自然分布： 秘鲁、巴西的玛瑙斯以及哥伦比亚境内的河流水系。

饲养历史： 1990 年引入台湾，1997 年后传入大陆地区。

饲养要点： 对水质变化很敏感，需要稳定的弱酸性软水饲养，最好饲养在水草水族箱里。

繁殖： 成对生活，在水族箱中能自然繁殖。

非洲慈鲷

在异彩纷呈的慈鲷世界里，非洲的慈鲷类群自成一家，由于其美艳的外形色彩、特殊的生存环境、独特的生态习性而别具一格，越来越受到众多爱鱼人士的欣赏。非洲慈鲷群隶属于隆头鱼亚目（Labroidei）的慈鲷科（Cichlidae），除去少数几种分布在西非洲的刚果河流域外，大部分局限于三个湖泊之中，也称为“三湖慈鲷”。

孕育着非洲慈鲷的三个湖泊，犹如分布在非洲大陆东部的三块宝石，最北部号称“尼罗河源头”的维多利亚湖，西南方向的坦噶尼喀湖以及向南延伸出的马拉维湖。这其中最引人关注、被称为“慈鲷鱼类天堂”的当属坦噶尼喀湖。

坦湖是世界第二深的大湖，仅次于西伯利亚的贝加尔湖，同时它也是世界上最古老的湖泊之一。多层的立体式水系分布和悠远的历史让这里的鱼类品种丰富得无以复加。据称 300 万年前坦湖的水面一度降低，很多品种的鱼类被隔离在单独的小湖中自行进化；再后来湖面再一次扩大，这些进化各异的鱼儿重新汇聚到坦湖，造就出千奇百怪、并且行为各异的鱼类品种。而今坦湖中的慈鲷被人类不断发掘，一轮又一轮冲击着人们的眼球，从慈鲷第一巨人的 90 天使［小鳞鲍伦丽鱼属（*Boulengerochromis*）］到精灵可爱的小卷贝［（新亮丽鲷属（*Neolamprologus*）］，成群梭游的蓝剑莎［（爱丽鱼属（*Cyprichromis*）］到羽鳍飘逸的航空母舰［深丽鱼属（*Benthochromis*）］，当然，作为坦湖慈鲷的王冠，驼背非鲫属（*Cyphotilapia*）的六间鲷更是名满天下、尽人皆知。

和坦湖相比，马拉维湖中的其他物种并没有那么丰富，这里完全就是慈鲷的天下，我们熟悉的阿里［鬼丽鱼属（*Sciaenochromis*）］和非洲王子［镊丽鱼属（*Labidochromis*）］都是其中的代表品种。

三个湖泊中最让人纠结的就是维多利亚湖了，这是非洲面积第一大的湖泊，近圆形的形状让它看上去就像一片汪洋大海。它的形成时间最晚，只有不到 100 万年的时间。1950 年人类将尖吻鲈引进维多利亚湖，此后的 50 年里尖吻鲈大开杀戒，将这里近百万年孕育出的物种消灭殆尽。如今我们常见的维湖慈鲷大约只有斑马天使［朴丽鱼属（*Haplochromis*）］一种，实在令人扼腕。

红肚凤凰鱼

Astronotus ocellatus

鲈形目 Perciformes
慈鲷科 Cichlaidae

基本饲养信息：

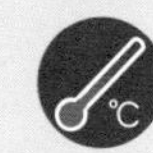

24 ~ 30

10 cm

5.0 ~ 7.2

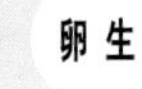

0 ~ 30

自然分布：非洲喀麦隆以及阿尔及利亚的尼捷鲁河下游流域。

饲养历史：是西非观赏鱼中饲养历史最悠久的品种。至少在1950年前就传入了欧洲，1980年后传入台湾地区，1990年后进入大陆。

饲养要点：喜欢弱酸性软水，欺负小鱼，撕咬其他鱼的鱼鳍，只能和体型相仿、游泳速度快的鱼饲养在一起。雄性间争斗明显。

繁殖：性成熟后成对生活，能在水族箱中自然产卵。最好提供小花盆作为产卵巢，亲鱼看护幼鱼到长大。

变种与人工培育：

白化型

红宝石鱼

Hemichromis bimaculatus

鲈形目 Perciformes
慈鲷科 Cichlaidae

基本饲养信息：

24 ~ 30

13 cm

5.0 ~ 7.2

0 ~ 20
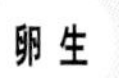

自然分布： 非洲加纳到多哥的刚果河、尼罗河流。

饲养历史： 20 世纪中期被作为观赏鱼输送到欧洲和台湾地区，1990 年后人工繁殖个体传入中国。

饲养要点： 凶猛却又胆怯，和小型鱼混养时会欺负小型鱼，和大型鱼混养时会受到惊吓。最好单独饲养，状态不好时，身体的鲜艳颜色不能体现。

繁殖： 成熟后成对生活，在水族箱中能自然产卵。

六间鱼

Cyphotilapia gibberosa

鲈形目 Perciformes
慈鲷科 Cichlaidae

基本饲养信息：

24 ~ 30

30 cm

7.0 ~ 8.2

25 ~ 70

自然分布：非洲坦噶尼喀湖。

饲养历史：1960 年后被作为观赏鱼输出，1985 年后传入台湾地区，1993 年后引入大陆地区。

饲养要点：容易饲养，喜欢弱碱性硬水，中国北方的水质非常适合，南方则差一些。雄性间争斗强烈，每个水族箱中只能饲养一条雄性。

繁殖：一夫多妻繁殖，1 条雄性可以和 10 条以上雌性配对繁殖。鱼卵在雌鱼口中孵化。亲鱼性成熟缓慢。

六间鱼的不同地域类型

萨伊蓝六间

依酷拉六间

布隆迪六间

赞比亚六间

奇果马六间

曼波六间

珍珠虎鱼

Altolamprologus compressiceps

鲈形目 Perciformes
慈鲷科 Cichlaidae

基本饲养信息：

24～30

8 cm

7.0～8.2

25～65
卵生

自然分布：非洲坦噶尼喀湖。

饲养历史：1985 年后被作为观赏鱼进行贸易，1995 年后传入中国。

饲养要点：容易饲养，能接受大多数饵料，喜欢碱性硬水。将幼鱼饲养长大需要很长时间。

繁殖：成熟后产卵于大贝壳或小花盆中，雌雄鱼共同看护鱼卵和幼鱼。

珍珠虎鱼的不同地域类型

金头虎

碳头虎

黄珍珠虎

白珍珠虎 *Altolamprologus calvus*

紫虎

黑珍珠虎 *Altolamprologus calvus*

黄天堂鸟鱼

Neolamprologus leleupi

鲈形目 Perciformes
慈鲷科 Cichlaidae

基本饲养信息：

24 ~ 30

8 cm

7.0 ~ 8.2
25 ~ 65
卵生

自然分布：非洲坦噶尼喀湖沿岸礁石区。

饲养历史：1956 年被命名，1980 年后开始作为观赏鱼进行贸易，1995 年后传入中国。

饲养要点：容易饲养，同性间争斗强烈，但不欺负同体型的其他鱼类。善于躲藏，如果水族箱内有岩石，它们会经常躲藏在里面。

繁殖：成熟后成对生活，产卵于岩石缝隙的隐蔽处。

女王燕尾鱼

Neolamprologus bricharde

鲈形目 Perciformes
慈鲷科 Cichlaidae

基本饲养信息：

自然分布： 非洲坦噶尼喀湖的岩壁浅水域及岩石区。

饲养历史： 1980 年后作为观赏鱼进行贸易，1995 年后传入中国。

饲养要点： 喜家族性群居，幼鱼世世代代和亲鱼生活在一起。在水族箱中自然繁殖非常壮观。不攻击同体型鱼类。

繁殖： 容易繁殖，成熟后会自然产卵在水族箱的隐蔽处，亲鱼会照顾喂养幼鱼。

紫蓝叮当鱼

Neolamprologus ocellatus

鲈形目 Perciformes
慈鲷科 Cichlaidae

基本饲养信息：

24 ~ 30

5 cm

7.0～8.2

25 ~ 70

自然分布：非洲坦噶尼喀湖浅水区。

饲养历史：1990 年后作为观赏鱼贸易，1997 年后传入中国。

饲养要点：容易饲养，需要弱碱性硬水，在酸性水中生长不良。具有领地性，但领地范围很小，每 90 平方厘米的区域可以饲养一对。

繁殖：成熟后自然产卵于水族箱的贝壳中。亲鱼看护幼鱼长大。

变种与人工培育：

黄金叮当

斑马卷贝鱼

Neolamprologus similis

鲈形目 Perciformes
慈鲷科 Cichlaidae

基本饲养信息：

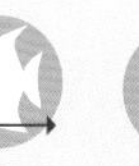

卵生

自然分布：非洲坦噶尼喀湖浅水区。

饲养历史：1990 年后作为观赏鱼进行贸易，2000 年后传入中国。

饲养要点：容易饲养，饲养方式同紫蓝叮当鱼。

繁殖：同紫蓝叮当鱼。

航空母舰鱼

Astronotus ocellatus

鲈形目 Perciformes
慈鲷科 Cichlaidae

基本饲养信息：

24 ～ 30

25 cm

7.0 ～ 8.2

25 ～ 80
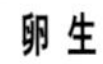

自然分布：非洲坦噶尼喀深水区。

饲养历史：作为观赏鱼进行贸易比较晚。大概在 1990 年后才被出口到欧洲，1999 年后引进到中国。

饲养要点：容易饲养，喜欢弱碱性硬水，在软水中生长不良。雄性间争斗明显，但不欺负小型鱼类。

繁殖：成熟缓慢，成熟后自然产卵于水族箱底部的砂砾中，雌鱼口孵幼鱼。

蓝提灯鱼

Ophthalmotiapia ventralis

鲈形目 Perciformes
慈鲷科 Cichlaidae

基本饲养信息：

24 ~ 30

20 cm

7.0～8.2 25 ~ 90

自然分布：非洲坦噶尼喀湖深水区。

饲养历史：2000 年后被作为观赏鱼出口，2003 年后引进到中国。

饲养要点：幼体没有颜色，成年雄性非常美丽，具有蓝色金属光泽，腹鳍拖延两个亮丽的星斑。容易饲养，但成长缓慢。

繁殖：需要在大型水族箱内繁殖，繁殖时将底部砂砾挖掘成火山口状。雌鱼口孵鱼卵。

蓝剑沙鱼

Cyprichromis leptosoma

鲈形目 Perciformes
慈鲷科 Cichlaidae

基本饲养信息：

24 ~ 30

15 cm

7.0 ~ 8.2
dH
25 ~ 80

自然分布： 非洲坦噶尼喀湖。

饲养历史： 有许多亚种和地域型，最常见的黄尾蓝剑沙于 1995 年前后传入台湾地区，2000 年后传入大陆。

饲养要点： 容易饲养，群居，单独饲养一条不容易成活。生长速度快，喜欢吃动物性饵料，对丰年虾情有独钟。发情时雄鱼才会有颜色，平时暗淡无光。

繁殖： 口孵鱼卵，在没有大型鱼类的水族箱中能自然繁殖。

蓝剑沙鱼的不同地域类型

黄尾剑沙

巨型剑沙

齐果马剑沙

深蓝色亚种
Cyprichromis leptosoma Mamalesa

双色剑沙

双印剑沙

黄颚伊莉莎龙王鲷

Enantiopus sp. "Kilesa"

鲈形目 Perciformes
慈鲷科 Cichlaidae

基本饲养信息：

24 ~ 30

20 cm

7.0 ~ 8.2

25 ~ 70
卵生

自然分布：非洲坦噶尼喀湖。

饲养历史：被发现的时间不长，还没有定名的物种，2000 年后作为观赏鱼从原产地输出，2007 年后传入中国。

饲养要点：容易饲养，需要良好的饲养环境雄鱼才能发情，发情后具有鲜艳的颜色。养活容易，养好难。

繁殖：如果饲养环境合适，成熟后会在水族箱底部的砂砾中自然产卵，雌鱼口孵鱼卵。

黑颚伊莉莎龙王鲷

Enantiopus melanogenys

鲈形目 Perciformes
慈鲷科 Cichlaidae

基本饲养信息：

24 ~ 30

18 cm

7.0 ~ 8.2

25 ~ 70

自然分布： 非洲坦噶尼喀湖。

饲养历史： 同黄颚伊莉莎龙王鲷。

饲养要点： 容易饲养，发情比黄颚伊丽莎龙王鲷容易，1条雄鱼可搭配10条以上雌鱼一起饲养。

繁殖： 饲养水质良好的情况下，能在水族箱内自然产卵于底部的沙子上，雌鱼口孵鱼卵。

五间半鱼

Neolamprologus tretocephalus

鲈形目 Perciformes
慈鲷科 Cichlaidae

基本饲养信息：

24 ～ 30

13 cm

7.0 ～ 8.2

25 ～ 65
卵生

自然分布： 非洲坦噶尼喀湖。

饲养历史： 20 世纪 80 年代末作为观赏鱼从原产地输出，1997 年后传入中国。

饲养要点： 强壮，容易饲养，雄性具有很强的领地性，攻击小型鱼类。能接受大多数人工饲料。

繁殖： 在水族箱底部铺设沙子和石块，成熟后就会自然产卵。

蓝面蝴蝶鱼

Tropheus duboisi

鲈形目 Perciformes
慈鲷科 Cichlaidae

基本饲养信息：

24 ~ 28

15 cm

7.0 ~ 8.2

25 ~ 90
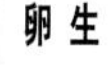

自然分布：非洲坦噶尼喀湖礁石和岸礁地区。

饲养历史：1995 年后被作为观赏鱼进行贸易，1999 年后传入中国。

饲养要点：容易饲养，幼体呈现全黑色身体布满白色斑点，被称为珍珠蝴蝶。可以成群饲养，饲养数量少于 10 条时会整日相互攻击，饲养 10 条以上则攻击行为减少。喜欢植物性饲料，素食薄片是最好的，吃红孑孓和丝蚯蚓会患肠炎。

繁殖：在水族箱中能自然产卵，雌鱼口孵鱼卵。

宽带蝴蝶鱼

Tropheus moorii

鲈形目 Perciformes
慈鲷科 Cichlaidae

基本饲养信息：

24 ~ 28

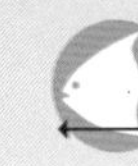
15 cm

7.0 ~ 8.2

25 ~ 90

自然分布： 有多个亚种和地域类型，广泛分布于非洲坦噶尼喀湖内。

饲养历史： 最早的亚种火狐狸是1997年前后被引进到台湾地区的。其他亚种和地域类型逐步传入，2010年后黄宽带蝴蝶才被引进。

饲养要点： 和珍珠蝴蝶类似，最重要的是绝不能用活饵、虾肉和鱼虫来喂养，它们很爱吃肉，但消化不了，会患肠炎，死亡率很高。

繁殖： 如果饲养水质清澈，它们成熟后可以在水族箱中自然产卵，要保持雌鱼的数量至少是雄鱼的3倍。

宽带蝴蝶鱼的亚种和不同地域种

火狐狸

双星蝴蝶

太阳斑

七彩火狐狸

洛铜

金色火狐狸

非洲王子鱼

Labidochromis caeruleus

鲈形目 Perciformes
慈鲷科 Cichlaidae

基本饲养信息：

22 ~ 30

12 cm

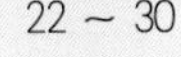

7.0 ~ 8.2

25 ~ 80
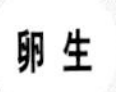

自然分布：非洲马拉维湖。

饲养历史：最早从原产地输出的东非慈鲷之一。1992 年前后引进到中国，1995 年时已相当普遍。

饲养要点：容易饲养，喜欢打斗，但饲养多条后打斗现象明显减轻。可以和同属内鱼杂交，目前市场上体长超过 12 厘米的个体，都是杂交的后代。纯种的已不多见。

繁殖：是最容易繁殖的口孵类慈鲷，饲养一段时间后，它们就能自己产卵，雌鱼口孵鱼卵。

非洲凤凰鱼

Melanochromis auratus

鲈形目 Perciformes
慈鲷科 Cichlaidae

基本饲养信息：

22 ~ 30

12 cm

7.0 ~ 8.2

25 ~ 70
卵生

自然分布：非洲马拉维湖。

饲养历史：最早被引进的东非慈鲷。自 1992 年开始在市场上出现，到 1995 年已经十分普遍。2005 年后风潮逐渐消退，现在只能零星在市场上见到。

饲养要点：容易饲养，可以和中小型东非慈鲷混养，幼体时体色都是黄黑相间的条纹，成年后雄性变为蓝色。能接受所有大小合适的饵料。喂食过多，会非常肥胖。

繁殖：同非洲王子鱼。

变种与人工培育：

白化种

斑马雀鱼

Pseudotropheus zebra

鲈形目 Perciformes
慈鲷科 Cichlaidae

基本饲养信息：

22 ~ 30

15 cm

7.0 ~ 8.2

25 ~ 50
卵 生

自然分布：非洲马拉维湖。

饲养历史：1992 年前后从原产地引入台湾地区，1995 年后进入大陆。

饲养要点：非常容易饲养，经人工繁殖后有多种颜色的变种，绚丽多彩，受人喜爱。喜欢打斗，最好只饲养 1 条或同时饲养 20 条以上，防止出现严重的撕咬现象。

繁殖：性成熟后在水族箱中能自然繁殖，在一群里只有 1 条雄鱼有交配权，它可以和 20 条雌鱼共同繁殖后代，雌鱼口孵鱼卵。

斑马雀鱼的人工培育种和不同地域类型

金斑马

白马王子

蓝蝴蝶

火蝴蝶

战神

深蓝斑马雀

彩虹鲷

Pseudotropheus lombardoi

鲈形目 Perciformes
慈鲷科 Cichlaidae

基本饲养信息：

22 ~ 30

15 cm

7.0 ~ 8.2

25 ~ 60

自然分布：非洲马拉维湖。

饲养历史：同斑马雀鱼。

饲养要点：非常容易饲养，和斑马雀鱼相同，由于过度人工杂交，原种已很少出现在市场上。

繁殖：容易繁殖，同斑马雀鱼。

彩虹鲷鱼的人工培育种和不同地域类型

白化型

雪鲷

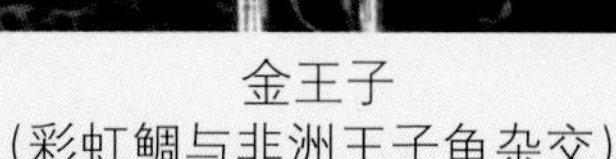

金王子
（彩虹鲷与非洲王子鱼杂交）

金斑马

红缨

蓝斑马
（彩虹鲷与斑马雀鱼杂交）

皇帝鱼（金松鼠）

Aulonocara baenschi

鲈形目 Perciformes
慈鲷科 Cichlaidae

基本饲养信息：

22～30

12 cm

7.0～8.2

25～80

自然分布：非洲马拉维湖。

饲养历史：20 世纪 90 年代初传入台湾地区，90 年代末人工繁殖个体引进到大陆。2005 年后，野生个体经香港引入大陆地区。

饲养要点：容易饲养，雄性间争斗明显，一个水族箱中只能饲养 1 条雄性。

繁殖：雌鱼口孵鱼卵，在水族箱中能自然产卵。每条雄鱼可以和 20 条以上的雌鱼交配。

变种与人工培育：

人工个体

罗宾红孔雀鱼（火鸟）

Aulonocara spec.

鲈形目 Perciformes
慈鲷科 Cichlaidae

基本饲养信息：

22～30

12 cm

7.0～8.2

25～80

自然分布：非洲马拉维湖。

饲养历史：20 世纪 90 年代初从原产地引进到台湾地区，1997 年后人工繁殖个体传入大陆，当时被称做“火鸟”。2007 年后野生个体经香港引进到大陆，从而改用香港名“罗宾红”。

饲养要点：饲养容易，雄性之间争斗明显，水质不好时颜色呈现发黑。幼体没有鲜艳的红色，雄鱼要生长到 1 年以上才会逐渐产生鲜艳的颜色，市场上出售的有色幼体，都是用激素扬色的个体。

繁殖：同皇帝鱼。

变种与人工培育：

火焰红孔雀

火焰红孔雀

火焰红孔雀（球身型）

红珊瑚孔雀鱼

Aulonocara jacobfreibergi

鲈形目 Perciformes
慈鲷科 Cichlaidae

基本饲养信息：

22 ~ 30

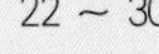
12 cm

7.0 ~ 8.2

25 ~ 80

自然分布：非洲马拉维湖。

饲养历史：作为观赏鱼饲养的历史和罗宾红鱼接近，最早的人工个体从台湾进入大陆叫“帝王艳红”，之后改用香港名“红珊瑚孔雀鱼”。

饲养要点：容易饲养，但要让雄鱼展现出美丽的颜色很困难。在类似品种中，该鱼的体质最弱，容易被其他鱼驱赶，因为受到惊吓而失去颜色。最好 1 条雄鱼与多条雌鱼饲养在一个水族箱中。

繁殖：口孵鱼卵繁殖，每次产卵数量很少。其他特性同罗宾红鱼。

金头孔雀鱼

Aulonocara maylandi

鲈形目 Perciformes
慈鲷科 Cichlaidae

基本饲养信息：

22 ~ 30

10 cm

7.0 ~ 8.2

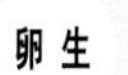

25 ~ 80

卵生

自然分布：非洲马拉维湖。

饲养历史：输入时间比较晚，大概在 2005 年后才出现在市场上，野生个体从香港引进到大陆。欧洲国家从原产地引进时间略早。

饲养要点：容易饲养，但要让雄鱼展现出美丽的颜色，需要单独饲养。雌鱼数量要多，一雄一雌饲养时，雄鱼会攻击雌鱼。

繁殖：繁殖容易，口孵鱼卵，每次产卵数量少。

太阳孔雀鱼

Aulonocara stuartgranti

鲈形目 Perciformes
慈鲷科 Cichlaidae

基本饲养信息：

22 ~ 30

15 cm

7.0 ~ 8.2

25 ~ 80

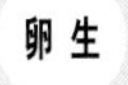

自然分布：有多个地域类型广泛分布在非洲马拉维湖中。

饲养历史：与蓝黎明孔雀（*Aulonocara steveni* "Usisya"）很接近，2005年前被混为一种。随着2005年后太阳孔雀鱼的大批引进，才被证实该鱼是一个单独的品种。

饲养要点：容易饲养，雄性发色时间晚，要饲养1年以上才有美丽的颜色。受到惊吓和状态不好时，会失去身体上的明黄色。

繁殖：同皇帝鱼。

蓝钻石鱼

Aulonocara sp. "Cobue"

鲈形目 Perciformes
慈鲷科 Cichlaidae

基本饲养信息：

22 ~ 30

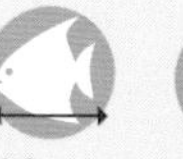
10 cm

7.0 ~ 8.2

28 ~ 90

自然分布：非洲马拉维湖。

饲养历史：是马拉维湖中引进时间比较晚的品种。2007年后才出现在市场上，具体引进时间不详。

饲养要点：容易饲养，雄性间争斗强烈，在同类型鱼类中个体比较小，如果混养，不容易展现出色彩。

繁殖：口孵鱼卵，在水族箱中能自然繁殖。

红格仔鱼（埃及艳后）

Protomelas taeniolatus

鲈形目 Perciformes
慈鲷科 Cichlaidae

基本饲养信息：

22 ~ 30

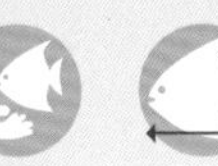
20 cm

7.0 ~ 8.2
dH
25 ~ 70
卵生

自然分布：非洲马拉维湖。

饲养历史：1990 年后从原产地引入台湾地区，人工繁殖个体 1995 年后输入大陆，当时叫"埃及艳后"。2002 年后野生个体经香港引进到大陆，改用香港名"红格仔"。

饲养要点：强壮，容易饲养，需要饲养 2 年以上雄鱼才能展现出极其鲜艳的颜色。市场上出售的 15 厘米以下的鲜艳个体，均为人工扬色。

繁殖：口孵鱼卵，一雄多雌式繁殖。成熟后能在水族箱中自然繁殖。

蓝阿里鱼（雪兰亚拉）

Sciaenochromis fryeri

鲈形目 Perciformes
慈鲷科 Cichlaidae

基本饲养信息：

22 ~ 30

15 cm

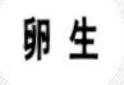

7.0 ~ 8.2　25 ~ 80

自然分布：非洲马拉维湖。

饲养历史：马拉维湖中的代表品种。1992年前后从原产地输出到欧洲和我国台湾。人工繁殖个体1997年传入大陆。2008年后，野生个体经香港和台湾地区，引进到大陆。改用香港名“雪兰亚拉”。

饲养要点：非常容易饲养，喜欢碱性硬水。雄鱼1岁后逐渐展现出金属蓝色。幼体呈棕褐色。8厘米以下的鲜艳个体，都是人工扬色造成的。

繁殖：口孵鱼卵，一雄多雌式繁殖。雄鱼发情后攻击同体型其他鱼类。

蓝茉莉鱼

Cyrtocara moorii

鲈形目 Perciformes
慈鲷科 Cichlaidae

基本饲养信息：

22 ~ 30

40 cm

7.0 ~ 8.2

25 ~ 70

自然分布：非洲马拉维湖。

饲养历史：马拉维湖的代表品种。因其高耸的头部很像海豚的样子，英文名意为："马拉维湖海豚"。1998年后传入台湾地区，2000年后引进到大陆。

饲养要点：容易饲养，生长缓慢，要生长到最大体长，需要4 ~ 5年的时间。同种间争斗不明显，也不欺负同体型鱼类。

繁殖：体长达到15厘米时就开始繁殖，口孵式孵化鱼卵，每次产卵量小。

马面鱼

Dimidiochromis compressiceps

鲈形目 Perciformes
慈鲷科 Cichlaidae

基本饲养信息：

22 ~ 30

25 cm

7.0 ~ 8.2

25 ~ 65

自然分布：非洲马拉维湖。

饲养历史：1992 年前后从原产地输出到欧洲和我国台湾，1997 年后引进到大陆，但未受到重视，现在市场上已不多见。

饲养要点：容易饲养，吞噬小鱼但不欺负同体型鱼类，同种间争斗不强烈。喜欢碱性硬水。

繁殖：成熟后能在水族箱中自然产卵，亲鱼成对生活，或一雄多雌生活。

变种与人工培育：

白化型

雪花豹鱼

Fossorochromis rostratus

鲈形目 Perciformes
慈鲷科 Cichlaidae

基本饲养信息：

22 ~ 30

30 cm

7.0 ~ 8.2

25 ~ 80

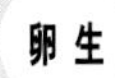

自然分布：非洲马拉维湖。

饲养历史：最常见的马拉维湖大型慈鲷之一。2003 年前后传入中国。

饲养要点：强壮，容易饲养，吞食小鱼，但对同体型非同类鱼不具有攻击性。需要用大型水族箱饲养，生长速度快，食量大。

繁殖：一雄多雌繁殖，成熟后可在水族中自然产卵。

鸟嘴鱼

Aristochromis christyi

鲈形目 Perciformes
慈鲷科 Cichlaidae

基本饲养信息：

22 ~ 30

25 cm

7.0 ~ 8.2

25 ~ 80
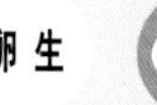

自然分布： 非洲马拉维湖。

饲养历史： 传入中国时间不早于 2005 年。

饲养要点： 强壮，容易饲养，幼鱼成群活动，成鱼相对独立。

繁殖： 同雪花豹鱼。

维纳斯鱼（金豹）

Nimbochromis venustus

鲈形目 Perciformes
慈鲷科 Cichlaidae

基本饲养信息：

22 ~ 30

30 cm

7.0 ~ 8.2

28 ~ 80
卵生

自然分布：非洲马拉维湖。

饲养历史：1990 年前后传入台湾地区，人工繁殖个体 1996 年引入大陆。一直是马拉维湖大型慈鲷的代表品种，现在多使用“金豹”这个名字。

饲养要点：强壮，容易饲养，同种间争斗明显，雌性间亦互相撕咬。

繁殖：性成熟后能在水族箱中自然繁殖，口孵鱼卵。

台湾海峡鱼

Protmelas steveni

鲈形目 Perciformes
慈鲷科 Cichlaidae

基本饲养信息：

22 ~ 30

16 cm

7.0 ~ 8.2

25 ~ 70
卵生

自然分布：非洲马拉维湖。

饲养历史：1990 年前后输入台湾地区，因为其最早的发现地是马拉维湖的台湾海峡岸礁，而得名，此名与中国的台湾海峡重名，因此备受台湾业者关注。1997 年后引进到大陆。

饲养要点：容易饲养，但发色比较晚，雄鱼要到 1 岁以后才逐渐展现出美丽的颜色。

繁殖：在水族箱中能自然繁殖，口孵鱼卵。

蓝宝石鱼

Placidochromis phenochilus

鲈形目 Perciformes
慈鲷科 Cichlaidae

基本饲养信息：

22～30

22 cm

7.0～8.2

25～80
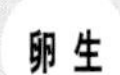

自然分布：非洲马拉维湖。

饲养历史：引进比较晚的马拉维湖慈鲷。2010年后才在大陆零星见到。野生个体由香港中转进入。

饲养要点：容易饲养，生长缓慢，要生长到非常漂亮的形态，需要精心饲养3年以上。

繁殖：从雄鱼体长达到12厘米开始就能在水族箱中繁殖，口孵鱼卵，每次产卵量少。

七彩天使鱼

Astatotilapia calliptera

鲈形目 Perciformes
慈鲷科 Cichlaidae

基本饲养信息：

22 ~ 30

10 cm

7.0 ~ 8.2

25 ~ 65
卵生

自然分布：非洲维多利亚湖。

饲养历史：1990 年引进到台湾地区，1997 年人工繁殖个体传入大陆。因为雄鱼只有发情后颜色艳丽，所以一直未受到重视。

饲养要点：容易饲养，每日摄食量大，如果缺乏饵料，会变得很瘦弱。

繁殖：能在水族箱中自然繁殖，口孵鱼卵。

迷鳃类

迷鳃类是鱼类中非常特殊的一个类群，以斗鱼为代表。其特殊之处在于它的鳃部结构演化出一套“褶鳃”，由于结构复杂也称为“迷鳃”，其上密布血管，可以直接呼吸空气。所以迷鳃类即使在水体环境恶劣、非常缺氧的环境下依旧可以生存。

迷鳃类群隶属鲈形目（Perciformes）攀鲈科（Anabantidae），其中斗鱼亚科（Macropodinae）的斗鱼属（*Macropodus*）包括了我们熟知的国产斗鱼，即红蓝叉尾斗鱼、圆尾斗鱼、香港斗鱼、越南黑叉尾斗鱼等。而搏鱼属（*Betta*）中最知名的物种无疑是泰国斗鱼，其变种包括马尾、狮王、半月、将军等，另外原生斗鱼如红战狗、蓝战狗等也属于该属。

梭头鲈亚科（*Luciocephalinae*）为人熟知的物种包括毛足鲈属（*Trichogaster*）中的丽丽鱼，毛足斗鱼属（*Trichopodus*）中的珍珠马甲、蓝曼龙等，另外巧克力飞船属于该亚科锯盖足鲈属（*Sphaerichthys*）。

迷鳃类中体型最巨大的物种隶属丝足鲈亚科（Osphroneminae）丝足鲈属（*Osphronemus*），有招财、古代战船两种。

与迷鳃类一样拥有特殊鳃腔组织的还有一个类群，即雷龙鱼，属于鲈形目（Perciformes）鳢亚目（Channoidei）的鳢科（Channidae）。该类群分布于我国的常见种是一种十分普遍的食用鱼乌鳢。作为观赏鱼，较为人熟知的则从巨大的铅笔鱼到娇小的七彩雷龙均属此类。

泰国斗鱼

Betta splendens

鲈形目 Perciformes
丝足鲈科 Osphronemidae

基本饲养信息：

25 ~ 32

5 cm

5.5 ~ 7.2

2 ~ 30

自然分布：泰国的静水池塘中。

饲养历史：1840 年后被引进到欧洲，1950 年前后传入中国。经过几十年的人工培育，有多种花色和形态。

注意事项：只能单独饲养在小水族箱或小瓶子里，同种间的争斗是“你死我活”，撕咬小型鱼的鱼鳍。游泳缓慢，也常被大型鱼欺负。

繁殖：在水面吐泡巢，产卵于泡巢中，雄鱼看护鱼卵和幼鱼，产卵前雌雄两鱼会打斗到遍体鳞伤。

人工培育：人工培育主要重视了斗鱼鳍的改良。

马尾型

短尾型

半月尾型

针尾型

双尾型

泰国斗鱼的人工培育品种

半月斗鱼

红马尾斗鱼

蓝狮王斗鱼

双尾紫罗兰

半月芙蓉

银将军斗鱼

丽丽鱼

Trichogaster lalius

鲈形目 Perciformes
丝足鲈科 Osphronemidae

♂

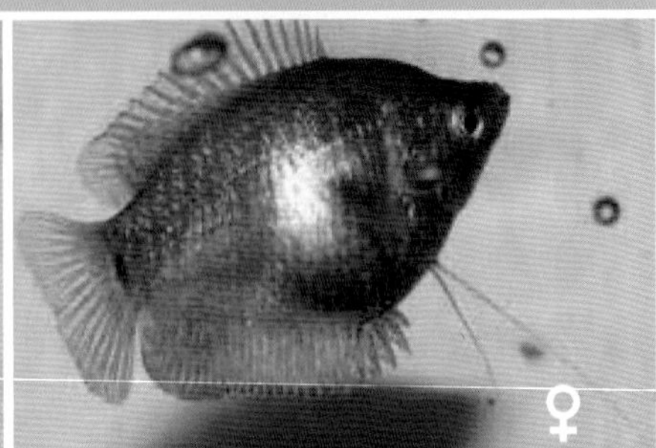
♀

基本饲养信息：

22 ~ 30

5 cm

5.5 ~ 7.2

5 ~ 30

自然分布：印度东北部的河流中。

饲养历史：1980 年前后从原产地引进到中国，当时被俗称为“桃核鱼”。人工培育过程中得到了许多不同的花色。

注意事项：容易饲养，温顺，可以和小型鱼一起混养。成熟后成对生活，很少出现打斗现象。喜欢吃动物性饵料。

繁殖：成熟后，雄鱼会在水面吐出泡沫巢穴，雌鱼产卵于其中，二者共同看护鱼卵。

变种与人工培育：

人工个体

人工个体

蓝星鱼（蓝曼龙）

Trichogaster trichopterus

鲈形目 Perciformes
丝足鲈科 Osphronemidae

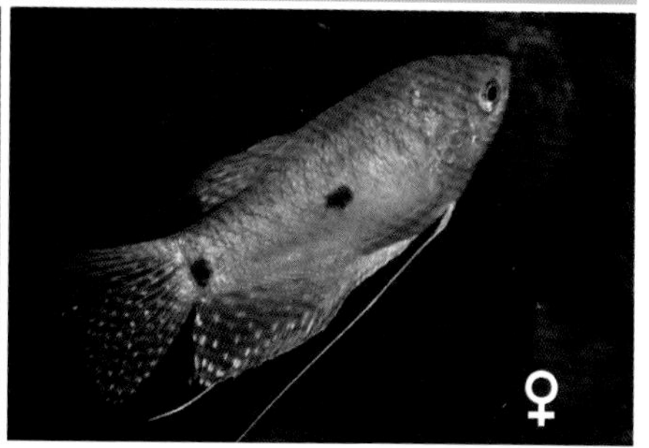

基本饲养信息：

18 ~ 32

15 cm

6.0 ~ 8.0

5 ~ 50

卵 生

自然分布：马来西亚、泰国、缅甸、越南等地的静水河流中。

饲养历史：1890 年前后传入欧洲，1920 年后引进到中国。是历史悠久的热带观赏鱼。

注意事项：不怕水中缺氧，也不怕水浑浊。生长速度快，成体后吞食小鱼。

繁殖：成熟后，自然在水族箱内吐泡巢繁殖，产卵量大，成活率高。

变种与人工培育：

人工个体

人工个体

珍珠马甲鱼

Trichogaster leeri

鲈形目 Perciformes
丝足鲈科 Osphronemidae

基本饲养信息：

22～30

10 cm

6.5～7.5

5～30

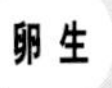

自然分布：泰国、马来西亚、印度尼西亚的苏门答腊岛和加里曼丹岛。

饲养历史：饲养历史悠久，约20世纪初从原产地出口到世界各地。曾是名贵的观赏鱼。

注意事项：非常容易饲养，但成熟后雄性间会产生争斗，能吞食红绿灯等小型鱼类。

繁殖：繁殖容易，同丽丽鱼。

变种与人工培育：

球身型

战狗斗鱼

Betta Ocellata

鲈形目 Perciformes
丝足鲈科 Osphronemidae

基本饲养信息：

24 ~ 30

8 cm

5.5 ~ 6.8

5 ~ 15

自然分布：印度尼西亚和马来西亚的静水池塘中。

饲养历史：2005 年后东南亚原产野生鱼类收集热潮从台湾兴起后，才成为观赏鱼，2008 年后有少量传入大陆。

饲养要点：之所以叫战狗，是因为能打架。什么鱼都攻击，所以只能单独饲养在瓶子里，对水质要求不严格。

繁殖：目前主要依赖野外捕捞。

巧克力飞船鱼

Sphaerichthys osphromenoides

鲈形目 Perciformes
丝足鲈科 Osphronemidae

基本饲养信息：

24 ~ 30

5 cm

5.5 ~ 6.8

0 ~ 20

自然分布：马来西亚和印度尼西亚的静水河流或池塘中。

饲养历史：2000 年后被发现并捕捉作为观赏鱼从原产地输出。

饲养要点：胆小，但对水质要求不高。容易受惊吓，不能与游泳速度快的鱼类饲养在一起。

繁殖：成年后成对生活，在弱酸性水中，吐泡巢产卵。

叉尾斗鱼

Macropodus opercularis

鲈形目 Perciformes
丝足鲈科 Osphronemidae

基本饲养信息：

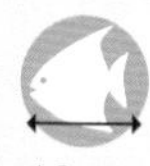

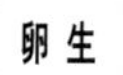

自然分布：中国南方、越南、缅甸等地的小河中。

饲养历史：17 世纪时作为观赏鱼输送到欧洲。2005 年后兴起的原生观赏鱼风潮，让叉尾斗鱼受到了所有亚洲收集者的重视。

饲养要点：容易饲养，喜欢吃鲜活的鱼虫、小昆虫和水生昆虫幼体。成熟后雄性间有明显的争斗现象。喜欢水草丰沛的环境。

繁殖：容易繁殖，在水族箱中能自然产卵，雄性吐泡沫巢穴，雌鱼产卵于其中。

变种与人工培育：

白化型（白兔鱼）

红尾招财鱼

Osphronemus goramy

鲈形目 Perciformes
丝足鲈科 Osphronemidae

基本饲养信息：

22 ~ 30

45 cm

6.0～7.2

5 ~ 30

自然分布：马来西亚、印度尼西亚、越南、柬埔寨等国的河流中。

饲养历史：攀鲈家族中个体最大的成员，在东南那亚一直作为风水鱼饲养，有“财神”、“招财鱼”等名称。1980 年后传入中国。

饲养要点：能吃、生长速度快。吞吃小鱼，但不攻击同体型鱼类。生长速度快。抗疾病能力强。

繁殖：主要在东南亚养殖场的池塘里繁殖，市场上的幼体全部靠进口。

变种与人工培育：

白色个体

豹斑鱼

Ctenopoma acutirostre

鲈形目 Perciformes
攀鲈科 Anabantidae

基本饲养信息：

25～30

12 cm

5.5～7.2

0～30
卵生

自然分布：非洲喀麦隆南方及扎伊尔北方水域。

饲养历史：从 1995 年后被作为观赏鱼从原产地出口，但出口量很不稳定，难以得到。

饲养要点：喜欢酸性软水，容易饲养，喜欢吃鲜活饵料，对人工饲料的接受能力不佳。胆小善于躲藏。

繁殖：人工繁殖已成功，但贸易个体主要依赖野外捕捞。

接吻鱼

Helostoma temminckii

鲈形目 Perciformes
沼口鱼科 Helostomatidae

基本饲养信息：

22 ~ 30

30 cm

6.0 ~ 8.0

10 ~ 40

自然分布：泰国、印度尼西亚苏门答腊岛。

饲养历史：因为独特的接吻（实际上是打架）习性，被广泛喜爱。自1980年前后引进到中国。

饲养要点：强壮，对水质没有特殊要求。因为口的特殊构造，只能吃小鱼虫、藻类和丝蚯蚓，人工饲料和其他饵料无法被吞入。

繁殖：产浮性卵，产卵数量多，一般可达到2000粒。

变种与人工培育：

短身型

七彩雷龙鱼

Channa bleheri

鲈形目 Perciformes

鳢　科 Channidae

基本饲养信息：

24～30

18 cm

6.2～7.2

0～30
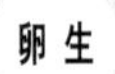

自然分布：印度的静水河流中。

饲养历史：1991 年被引入水族市场。2005 年前后引进到中国。

饲养要点：喜欢水流缓慢的弱酸性软水。野生捕捉的个体往往带有寄生虫。水族箱中最好密植水草，供其躲藏。同种间争斗明显。

繁殖：成熟后成对生活，产卵于水族箱的隐蔽处。

美人类

美人类群闪烁的鳞片和华丽的外表为它们在观赏鱼世界占得了一席之地。分类学上来说，它们属于棘鳍总目（Acanthopterygii）的银汉鱼目（Atheriformes），从这个名字上也可以看出它们鳞片上特殊的光芒：一如璀璨的银河一般。

美人类大多数都是澳洲的原产鱼品种，典型的美人类有着一望即知的独特外形：较小的头部，倒锥形侧扁的身体，由于宽厚丰满隆起的项背部而使得这种“倒锥形”格外显眼；它们的背鳍有两个并且明显分离，第二背鳍与臀鳍相对并且形状对称。有了以上特征再加上炫目的鳞片光泽，美人类观赏鱼表现出了独树一帜的风格，让自己成为了广为人知的观赏鱼。当然，银汉鱼目的观赏鱼也并不可能完全具备以上特征，在这一大类群中，根据某些形态上的差别，也有被称为彩虹鱼和燕子的品种。

美人类鱼中被称为“燕子”的品种，以伊岛银汉鱼属（*Iriatherina*）的燕子美人为代表。该鱼体形窄长，呈短梭状，项背部平直无隆起，和通常的美人类有很大区别。燕子美人的第一背鳍宽大高耸，第二背鳍、臀鳍均具两条飘鳍，腹鳍亦具长飘鳍，尾鳍深叉且上、下缘色彩明显。整体望去确如一只瘦小的燕子展翅滑翔，十分灵动。另外大部分燕子鱼归属鲻银汉鱼科（Pseudomugilidae）的鲻银汉鱼属（*Pseudomugil*），和燕子美人又有不同：它们的第一背鳍不再高耸，第二背鳍、臀鳍形态舒展宽大但少有飘鳍，只有尾鳍依旧深叉呈燕尾状，特别的是它们的胸鳍位置十分靠上且直立生长，收拢时就像是头部后方长出一对小耳朵，别致有趣。燕子鱼类的体型都较小，但色彩无一例外十分绚丽，是小型观赏鱼中出众的一群。

美人类鱼群饲养容易，体质强健，是可以在淡水或半淡咸水中生活的类群，对水质的要求不高，无论单种群养还是和其他鱼类混养，都是很好的选择。

石美人鱼

Melanotaenia boesemani

银汉鱼目 Atheriniformes
黑带银汉鱼科 Melanotaeniidae

基本饲养信息：

24 ~ 28

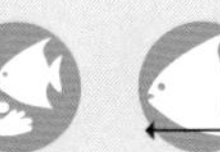
12 cm

6.5 ~ 7.5

10 ~ 30
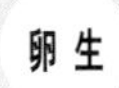

自然分布：大洋洲北部沿海河流中。
饲养历史：1985 年后被作为观赏鱼输出，1995 年后传入中国。

饲养要点：容易饲养，喜欢略带盐分的水质环境，对食物适应广泛。性格活跃，喜群游。水族箱中最好种植水草，否则颜色不鲜艳。
繁殖：成群产卵，单一一对亲鱼不能顺利繁殖。目前市场上出售的多为雄鱼。

蓝美人鱼

Melanotaenia lacustris

银汉鱼目 Atheriniformes
黑带银汉鱼科 Melanotaeniidae

♂

♀

基本饲养信息：

24～28

12 cm

6.5～7.5

10～30
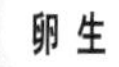

自然分布：澳大利亚北部河流中。

饲养历史：作为观赏鱼饲养比较晚，最早出现在市场上是2005年后的事情。现在是非常普遍的鱼。

饲养要点：容易饲养，但如果水族箱中没有水草则无法展现出绚丽的蓝色的。成群活动，只饲养一两条，会萎靡不振。

繁殖：同石美人鱼。

变种与人工培育：

短身个体

电光美人鱼

Melanotaenia praecox

银汉鱼目 Atheriniformes
黑带银汉鱼科 Melanotaeniidae

基本饲养信息：

24 ~ 28　　8 cm

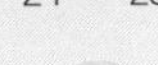

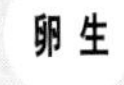

6.5 ~ 7.5　10 ~ 30

自然分布：澳大利亚西北部到马来群岛南部的河流中。

饲养历史：2006 年后引进到中国，随后大量繁殖，现在已相当普遍。

饲养要点：容易饲养，喜成群活动，雄性间相互展示外表时十分美丽，如果饲养数量太少，则无法看到美丽的姿态。

繁殖：成群产卵繁殖。

鸽子美人鱼

Melanotaenia herbertaxelrodi

银汉鱼目 Atheriniformes

黑带银汉鱼科 Melanotaeniidae

基本饲养信息：

24 ~ 28　　10 cm

卵 生

6.5 ~ 7.5　　10 ~ 30

自然分布：大洋洲西北部沿海河流中，在菲律宾群岛南端也有发现。

饲养历史：2002 年后作为观赏鱼引入欧洲和东南亚，人工繁殖个体 2008 年后传入中国大陆，一度被称为“金鸽子”。

饲养要点：容易饲养，成群活动，对水质和饵料没有严格的要求。

繁殖：成群繁殖，人工孵化的个体没有野生个体颜色鲜艳。

红苹果鱼

Glossolepis incisus

银汉鱼目 Atheriniformes
黑带银汉鱼科 Melanotaeniidae

基本饲养信息：

24 ~ 28

12 cm

6.5 ~ 7.2

10 ~ 30
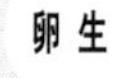

自然分布：大洋洲新几内亚北部的河流中。

饲养历史：具有鲜艳的酒红色，1990 年被作为观赏鱼出口后，轰动了全世界，1997 年后传入中国，一直是很受关注的观赏鱼。

饲养要点：只有健康、不紧张的雄鱼才是酒红色，紧张、生病时体色呈现暗红或黑色。容易饲养，喜欢富含矿物质的水，可以在过滤器中添加麦饭石，增加水中的矿物质。如果水中铁元素含量高，颜色会更亮丽。

繁殖：同石美人鱼。

珍珠燕子鱼

Pseudomugil gertudae

银汉鱼目 Atheriniformes
鲻银汉鱼科 Pseudomugilidae

基本饲养信息：

24～28

6 cm

6.5～7.2

10～30

自然分布：新几内亚、昆士兰。

饲养历史：1997 年后被引进到中国的小型观赏鱼，具有亮丽的蓝眼睛，曾经受到重视，现在市场上并不常见。其地位被霓虹燕子取代。

饲养要点：容易饲养，胆小容易受到惊吓，不能和性情暴躁的鱼饲养在一起。对饵料和水质不苛求。

繁殖：饲养成熟后，可自然产卵。雌雄鱼在水草上方盘旋产卵。

蓝眼燕子鱼

Pseudomugil signifer

银汉鱼目 Atheriniformes
鲻银汉鱼科 Pseudomugilidae

基本饲养信息：

24 ~ 28

6 cm

6.5 ~ 7.5

10 ~ 30
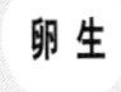

自然分布： 新几内亚、菲律宾一直到马来群岛的河口地区。

饲养历史： 1990 年前后被作为观赏鱼捕捞输出，随后大量人工繁殖。1992 年后引进到中国。

饲养要点： 容易饲养，比较胆怯。喜欢生活在种植有水草的水族箱中。对水质和饵料要求不高。

繁殖： 同珍珠燕子鱼。

霓虹燕子鱼

Pseudomugil furcatus

银汉鱼目 Atheriniformes

鲻银汉鱼科 Pseudomugilidae

基本饲养信息：

24～28

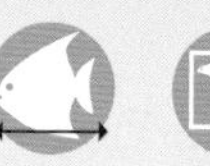

5 cm

6.5～7.5

10～30

自然分布：澳大利亚西北部一直到东南亚地区的河口地区。

饲养历史：1997 年前后被引进到中国。之后大量人工繁殖，2005 年后已经相当普遍，现在多使用的名称是“新郎官”。

饲养要点：容易饲养，最好多条一起饲养，单独饲养一两条会终日紧张。

繁殖：同珍珠燕子鱼。

鲇

鲇形目（Siluriformes）是淡水鱼世界的第二大目，仅次于第一位的鲤形目，其所包含的庞杂物种与人类生活息息相关，在观赏鱼世界中是极其重要的一大类群。

鲇鱼中的观赏鱼，来自东南亚最常见的是的蓝鲨和虎头鲨，非洲大陆的白金豹皮和反游猫以及南美洲狗仔鲸和丰富多彩的鸭嘴鲇。

观赏鱼类群中，以“鼠”字来命名的大致有两类：一类属于鲇鱼，因其头部较尖，配合唇边的胡须而让人们联想到老鼠，故此得名；另一类则是鳅科鱼类中某些身材短粗、贼眉鼠眼的物种。但严格来说，真正的“鼠鱼”只有前者，它们全部分布于南美，是鲇鱼大家族中一群特殊的成员。“鼠鱼”类群隶属于鲇型目（Siluriformes）中的美鲇科（Callichthyidae），其下的美鲇亚科（Callichthyinae）和兵鲇亚科（Corydoradinae）均出产经典的鼠鱼品种。

异型鱼类，从它的名字就可以联想到这类鱼风格迥异的外貌特征。虽说它们属于鲇鱼大家族，但似乎除了扁平的肚皮和喜欢长时间趴在水底的习性之外，很难再把它和传统意义上的“鲇鱼”联系在一起。异型鱼类从科学分类上来看，属于鲇型目（Siluriformes）、骨甲鲇科（Loricariidae）中的一大族群。

骨甲鲇科下所有的鱼类几乎都可以称作异型，至今被发现的品种已逾 400 多个，许多尚未准确命名。所以在异型世界里，为了分辨和记录这群庞杂的成员，人们引入了 L 编号系统。

L 系统是 1988 年由德国水族业人士创造的数字编号，用以记录新发现的异型鱼类。其中 L 代表骨甲鲇科，数字则是该异型鱼发现的顺序，如金点琵琶异型编号 L001，即指它是第一种被命名的异型鱼。不过异型鱼类由于太过繁杂，重复命名或是地域亚种再命名的情况也屡见不鲜，漂亮的熊猫异型就有 L46、L98、L173 三个编号，也就是说它有三个地域亚种。随着异型鱼类的发展，我们有时也会看到 LDA 编码，这是指的人工杂交出的品种或是近期发现的新品种。无论如何，异型鱼类的世界总是会带给人们惊喜，我们也希望这个 L 的美梦能够一直延续下去。

花椒鼠鱼

Corydoras paleatus

鲇形目 Siluriformes
美鲇科 Callichthyidae

基本饲养信息：

24 ~ 30

5 cm

5.5 ~ 7.2

5 ~ 20

自然分布：南美洲巴西和乌拉圭的沙质基底河流中。

饲养历史：是饲养历史最悠久的鼠鱼。1842 年被命名后就传到了欧洲，1950 年后引进到中国。

饲养要点：容易饲养，只能用活饵或沉性饲料喂养，无法游到水面摄食。胆小，善于躲藏。成群活动，可饲养 10 条左右一小群。

繁 殖： 成熟后能在水族箱中自然产卵，产卵于隐蔽处的光滑石头上。如果没有石头，会产卵在水族箱内壁上。

变种与人工培育：

白化型

咖啡鼠鱼

Corydoras aeneus

鲇形目 Siluriformes
美鲇科 Callichthyidae

基本饲养信息：

24 ~ 30　5 cm

5.5 ~ 7.2　5 ~ 30

自然分布：南美洲巴西、圭亚那、乌拉圭等地和河流湖泊中。

饲养历史：1860 年前后作为鱼类收集者的收藏品被少量带到欧洲，1900 年后被作为观赏鱼从原产地输出。人工繁殖个体 1980 年后传入中国。

饲养要点：容易饲养，对水质要求不严。基本与花椒鼠鱼相似。

繁殖：同花椒鼠鱼，因为原种价值不高，现在养殖场繁殖的多为白化型——白鼠鱼。

变种与人工培育：

白鼠鱼（白化型）

熊猫鼠鱼

Corydoras panda

鲇形目 Siluriformes
美鲇科 Callichthyidae

基本饲养信息：

24 ~ 30

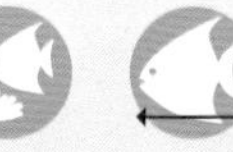
4 cm

5.5 ~ 7.0

0 ~ 20
卵生

自然分布：南美洲秘鲁境内的河流湖泊中。

饲养历史：1971 年被发现命名，随后被带入欧洲作为鱼类收集者的宠物。1990 年后大量人工繁殖，2000 年后引进到中国。

饲养要点：喜欢弱酸性软水，需要在水族箱底部铺设细砂砾，喜欢用嘴翻动沙子寻找食物，喂养时不能给予太多的动物性饵料，最好用鼠鱼专用沉性饲料喂养。

繁殖：繁殖困难，需要调制弱酸性软水，提供大量的石子和隐蔽处，放入小群亲鱼，让它们自由产卵。

珍珠鼠鱼

Corydoras sterbai

鲇形目 Siluriformes
美鲇科 Callichthyidae

基本饲养信息：

24 ~ 30

5 cm

pH
5.5 ~ 6.8

5 ~ 15
卵生

自然分布：南美洲巴西中部与玻利维亚，秘鲁乌卡亚利（Ucayali）河水域。

饲养历史：1995 年后才被从原产地输出，2005 年后引进到中国。

饲养要点：容易饲养，喜成群活动，不具有攻击性，也不好斗，适合和小型鱼类一起饲养。

繁殖：同熊猫鼠鱼。

弓背鼠鱼

Corydoras arcuatus

鲇形目 Siluriformes
美鲇科 Callichthyidae

基本饲养信息：

24 ~ 30

4 cm

5.5 ~ 6.8

5 ~ 15
卵生

自然分布：哥伦比亚境内的帕普里河以及厄瓜多尔的卡那波河。

饲养历史：1938 年命名，之后传入欧洲作为观赏鱼饲养，1980 年后传入台湾地区，2005 年后引进到大陆，目前市场上有采用“印第安鼠”这一名字。

饲养要点：喜欢弱酸性软水，水族箱底部要铺设沙子，成群活动，单独饲养一条会非常胆怯。

繁殖：2012 年前商品鱼来源主要依赖进口，现在人工繁殖技术已被攻克。和其他鼠鱼类似，但需要在繁殖前用新水刺激发情。

豹纹鼠鱼

Corydoras julii

鲇形目 Siluriformes
美鲇科 Callichthyidae

基本饲养信息：

24 ~ 30

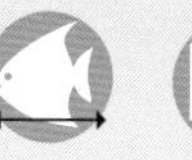
4 cm

5.5～6.8

5 ~ 15
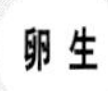

自然分布：南美洲巴西、阿根廷的河流中。

饲养历史：2000 年后引进到中国大陆，引进到台湾地区的时间要早一些。

饲养要点：容易饲养，个体小，喜欢成群活动，善于隐蔽，喜欢吃薄片饲料。

繁殖：同花椒鼠鱼。

反游猫鱼

Synodontis eupterus

鲇形目 Siluriformes
倒立鲇科 Mochokidae

基本饲养信息：

24～30

25 cm

5.5～7.2

5～30

卵生

自然分布：非洲刚果河流域。

饲养历史：1950 年前后作为观赏鱼引进到欧洲，1980 年后引进到中国。

饲养要点：容易饲养，幼体口向下生活，随着生长，变成口向上生活。但人工繁殖的后代，反游现象不明显。喜欢弱酸性水质，对人工饲料的接受能力不佳。

繁殖：需要水质的刺激才能发情，人工养殖使用注射激素的办法。商品鱼主要依靠进口。

白金豹皮鱼

Synodontis multipunctatus

鲇形目 Siluriformes
倒立鲇科 Mochokidae

基本饲养信息：

24 ~ 30

18 cm

7.0 ~ 8.2

15 ~ 60

自然分布：非洲坦噶尼喀湖中。

饲养历史：2000 年后被作为观赏鱼从原产地输出，2008 年后传入中国大陆。

饲养要点：容易饲养，喜成群活动，可以和小型坦噶尼喀湖慈鲷饲养在一起。水族箱底部要铺设细沙，否则会很紧张。

繁殖：成熟后能在水族箱中自然繁殖，产卵于自己挖掘的沙坑中。

玻璃猫鱼

Kryptopterus bicirrhis

鲇形目 Siluriformes
鲇　科 Siluridae

基本饲养信息：

26 ~ 30

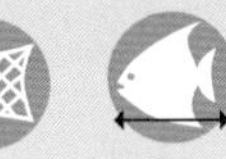
10 cm

5.5 ~ 6.8

0 ~ 12

自然分布：泰国、马来西亚、印度尼西亚的静水河流中。

饲养历史：1980 年后作为观赏鱼引进到中国，1990 年后已非常普遍。

饲养要点：饲养非常困难，喜欢弱酸性老水，不能经常换水，新买的鱼要经过长时间“过水”，适应本地水质后才能放入水族箱。不能接受人工饵料，只能用鲜活的鱼虫喂养。胆小，必须成大群饲养，数量少的时候容易被吓死。虽然进口量大，价格便宜，但被养活超过 2 个月的记录很少。

繁殖：主要依靠野外捕捞。

清道夫鱼

Hypostomus plecostomus

鲇形目 Siluriformes
骨甲鲇科 Loricariidae

基本饲养信息：

18 ~ 32

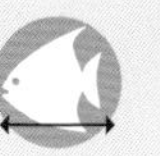
40 cm

5.5 ~ 8.0

5 ~ 40
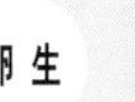

自然分布：南美洲亚马孙河流域。

饲养历史：1990 年前后被作为观赏鱼引进到中国。有极强的适应能力，现在很多南方河渠里可以找到被人遗弃的该鱼和后代，造成了严重外来物种入侵。

饲养要点：容易饲养，只要水族箱中的水能淹没它的背，就能存活。它们并不吃鱼的粪便，也很少吃水族箱中的藻类。不能减少换水的频率，它们吃鱼卵，大个体的还吃小鱼，最爱吃的是鱼的死尸。

繁殖：在池塘中繁殖容易，在玻璃水族箱中不容易繁殖。

大胡子鱼

Ancistrus sp.

鲇形目 Siluriformes
骨甲鲇科 Loricariidae

基本饲养信息：

24 ~ 30

25 cm

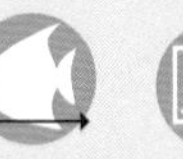

5.5 ~ 7.0

5 ~ 20

自然分布：有多个亚种和地域型，广泛分布在巴西、阿根廷、委内瑞拉和圭亚那的亚马孙河支流中。

饲养历史：是最早作为观赏鱼贸易的甲鲇之一，编号 L5。市场上的商品鱼是 1985 年前后从德国引进到台湾地区，1995 年后又进入大陆的人工繁殖后代。

饲养要点：容易饲养，是素食鱼类，喂给动物性饵料会闹肠炎。喂给专用的异型鱼饲料，或者用西瓜皮、黄瓜、菠菜等喂养。喜欢吃紫菜和一些品种的海藻。

繁殖：水质稳定的情况下，成熟后自然产卵于水族箱的隐蔽处，亲鱼看护鱼卵。

变种与人工培育：

黄金大胡子

长鳍型

熊猫异型鱼

Hypostomus zebar

鲇形目 Siluriformes
骨甲鲇科 Loricariidae

基本饲养信息：

24 ~ 28　12 cm

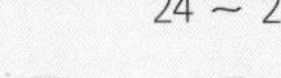

5.5 ~ 6.8　5 ~ 15

自然分布：巴西欣古河流域。

饲养历史：异型家族中的最知名品种。共有三个地域类型。最早的类型于 1997 年后引进到欧洲，2000 年引进到台湾地区，2007 年后传入中国大陆。

饲养要点：野生个体饲养难度大，对水质变化敏感，需要用稳定的弱酸性软水饲养。人工繁殖个体容易饲养，对食物没有太多要求，吃动物性饲料，也吃植物性饲料。

繁殖：繁殖比较困难，此鱼价格很高，成对的亲鱼难以寻觅。目前不少人出于投资的目的，繁殖这种鱼。

黄金达摩异型鱼

Scobinancistrus aureatus

鲇形目 Siluriformes
骨甲鲇科 Loricariidae

基本饲养信息：

24 ~ 28

30 cm

5.5 ~ 6.8

5 ~ 20
卵生

自然分布：南美洲亚马孙河流域。

饲养历史：1997 年前后从德国传入台湾地区，2000 年后引进到大陆。异型鱼编号 L14。

饲养要点：肉食性，喜欢吃鱼类死尸和虾仁，也吃少量藻类。可以用异型鱼饲料喂养，适当添加一些鱼肉。对溶氧量要求高，水族箱中水流要强大，或者加气泵增氧。

繁殖：繁殖困难，目前有一些爱好者在家中繁殖成功，繁殖方法需要自己摸索。

皇后雪球异型鱼

Hypancistrus inspector

鲇形目 Siluriformes
骨甲鲇科 Loricariidae

基本饲养信息：

24 ~ 28　　12 cm

     卵生 

5.5 ~ 6.8　　5 ~ 15

自然分布：南美洲委内瑞拉奥里诺科河流域。

饲养历史：是 2007 年后大批引入中国的异型鱼之一。异型鱼编号 L201 或 L339。

饲养要点：肉食性，基本与黄金达摩相同。

繁殖：有爱好者繁殖记录，没有渔场批量繁殖，需要饲养者自己摸索。

皇冠豹鱼

Panaque nigrolineatus

鲇形目 Siluriformes
骨甲鲇科 Loricariidae

基本饲养信息：

24 ~ 28

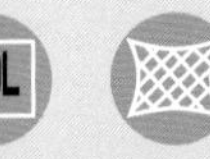

40 cm

5.5 ~ 6.8

4 ~ 25

自然分布：有多个地域类型和亚种，市场上最常见的种产于哥伦比亚和委内瑞拉。

饲养历史：1995 年前后曾经作为观赏鱼传入中国，当时叫“隆头鲇”，2002 年后随着异型鱼类热的开始，大量野生个体经台湾、香港进入大陆。异型鱼编号 L190、L191。

饲养要点：素食性，在原产地主要啃食树根和沉木，人工饲养可以在水中放入沉木任其自己啃食，另外补充一些黄瓜片或异型鱼饲料。需要增加水中的溶解氧含量。

繁殖：商品鱼主要依靠进口。

小精灵鱼

Otocinclus affinis

鲇形目 Siluriformes
骨甲鲇科 Loricariidae

基本饲养信息：

24 ~ 28

6 cm

5.5 ~ 7.2

0 ~ 30
卵生

自然分布：南美洲巴西东部的小型河流中。

饲养历史：2002 年后随着大量的异型鱼类传入中国。

饲养要点：主要饲养在水草水族箱中，爱吃水草叶片上的藻类，数量够多时，可以有效清理水草叶片上的藻类。素食鱼类，在水草水族箱中不必特殊喂养，但单独饲养比较困难。

繁殖：在水质稳定的情况下，产卵于宽叶水草的叶片上。

狗仔鲸鱼

Phractocephalus hemioliopterus

鲇形目 Siluriformes
油鲇科 Pimelodidae

基本饲养信息：

20～30

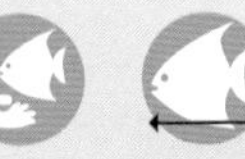
150 cm

5.5～7.5

10～30

自然分布：广泛分布在亚马孙河的干流中，大的支流也可见到。

饲养历史：当地的大型食用鱼，1990 年后随着银龙的贸易作为观赏鱼传入中国。

饲养要点：可以生长到 1.5 米，食量大，生长速度快，粗生易养，需要大型水族箱来饲养，否则会生长得脊柱变形。

繁殖：广东、海南和广西的渔场里可大量繁殖，需要大型池塘。

虎皮鸭嘴鱼

Pseudoplatystoma fasciatum

鲇形目 Siluriformes
油鲇科 Pimelodidae

基本饲养信息：

20 ~ 30

80 cm

5.5 ~ 7.5
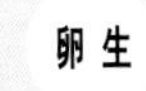

10 ~ 30
卵生

自然分布：南美洲亚马逊河流域大部分地区。

饲养历史：1990年后随着银龙贸易传入中国。

饲养要点：容易饲养，对水质、食物无特殊要求，生长速度快，需要用大型水族箱饲养。

繁殖：东南亚渔场有繁殖，也从原产地季节性进口。

斑马鸭嘴鱼

Brachyplatystoma tigrinum

鲇形目 Siluriformes
长须鲇科 Pimelodidae

基本饲养信息：

22 ~ 30

80 cm

5.5 ~ 7.0

7 ~ 15

自然分布：南美洲亚马孙河上游。

饲养历史：从 2005 年后开始进口到中国作为观赏鱼。

饲养要点：喜欢稳定的水质，水质大幅波动会绝食，甚至死亡。夜行性，夜晚吞吃小鱼，白天看上去很安静。

繁殖：繁殖季节在原产地捕捞，属季节性进口观赏鱼。

月光鸭嘴鱼

Brachyplatystoma rousseauxi

鲇形目 Siluriformes
长须鲇科 Pimelodidae

基本饲养信息：

22～30

120 cm

5.5～7.5

7～15
卵生

自然分布：主要分布在秘鲁境内的亚马孙河流域。

饲养历史：2005 年后被引进的野生南美鱼类。

饲养要点：容易受到惊吓，多数个体在放入水族箱后就将嘴撞成了下弯状。受到刺激会疯狂乱撞，对水质波动非常敏感。

繁殖：从原产地季节性进口。

大口鲸

Asterophysus batrachus

鲇形目 Siluriformes
颈鳍鲇科 Auchenipteridae

基本饲养信息：

22 ~ 30

20 cm

5.5 ~ 7.5

7 ~ 15

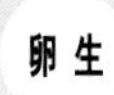

自然分布：南美洲的尼格罗河、奥里诺科河。

饲养历史：2008 年后作为奇特的观赏鱼从南美洲引进到国内。

饲养要点：什么都吃，甚至吞不能吃的东西。口极大，容易被撑死，新运输到的个体对水质敏感，适应环境后容易饲养。很少游泳。

繁殖：从原产地季节性进口。

蓝鲨鱼

Pangasianodon hypophthalmus

鲇形目 Siluriformes
巨鲇科 Pangasiidae

基本饲养信息：

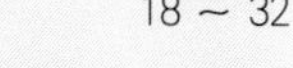

18 ~ 32　　40 cm

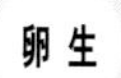

5.5 ~ 7.5　7 ~ 25

自然分布：东南亚湄公河及其支流。

饲养历史：1985 年到 1990 年期间，作为食用鱼类从东南亚引种到中国，由于幼体有蓝色光泽而成为了观赏鱼，成年颜色消失，而且肉非常难吃。

饲养要点：容易饲养，生长速度非常快，能适应大多数饲料，爱游泳，在水中不停歇，需要用大型水族箱饲养，体长超过 10 厘米的个体，吞食小鱼。

繁殖：在养殖场的池塘中繁殖。

其他

在观赏鱼世界中还有一大类非常奇妙的群体，它们受人欢迎，却并不“拉帮结派”，而是各自为战，每一个种类都有着突出鲜明的特征。这其中如珍珠魟鱼，并不是硬骨鱼类，而是软骨鱼纲（Chondrichthyes）的软骨鱼，隶属江魟科（Potamotrygonidae）的江魟属（*Potamotrygon*）。恐龙鱼和尖嘴鳄都是非常古老的鱼类。其中恐龙鱼因为它们标志样的连续状小背鳍被称做“多鳍鱼”，归属于多鳍鱼目（Polypteriformes），多鳍鱼科（Polypteridae）的多鳍鱼属（*Polypterus*），尖嘴鳄类则属于雀鳝目（Lepisosteiformes），雀鳝科（Lepisosteidae）。

最大的淡水鱼是骨舌鱼目（Osteoglossiformes），巨骨舌鱼属（*Arapaima*）的海象鱼。同时骨舌鱼目也包含了著名的龙鱼家族，硬骨舌鱼属（*Scleropages*）的亚洲龙鱼和澳洲龙鱼，骨舌鱼属（*Osteoglossum*）的银龙及齿蝶鱼属（*Pantodontidae*）的古代蝴蝶。驼背鱼科（Notopteridae）的弓背鱼属（*Chitala*）亦属此目，代表物种如七星刀。另外骨舌鱼目有一类十分特化的鱼群属于长颌鱼亚目（Mormyroidei），包括长颌鱼科（Mormyridae）的象鼻鱼和裸臀鱼科（Gymnarchidae）的反天刀，它们的特殊之处在于身体可以释放出微电流。

鱼类世界的超级大目鲈形目（Perciformes），也拥有着不少奇特且独立的类群。鲈亚目（Percoidei），松鲷科（Gerreidae），拟松鲷属（*Datnioides*）著名的“虎鱼”，如泰国虎、印尼虎等。透明的玻璃拉拉，隶属同亚目双边鱼科（Ambassidae），副双边鱼属（*Parambassis*）。

生活在淡海水交汇处的观赏鱼，如银鳞鲳科（Monodactylidae），大眼鲳属（*Monodactylus*）蝙蝠鲳、黄鳍鲳；金钱鱼科（Scatophagidae）金钱鱼属（*Scatophagus*）的金鼓鱼和钱蝶鱼属（*Selenotoca*）银鼓鱼。另外，鲀形目（Tetraodontiformes）四齿鲀科（Tetraodontidae）中一部分品种作为观赏鱼为人熟知，如深水炸弹、木瓜狗头等。

银龙鱼

Osteoglossum bicirrhosum

骨舌鱼目 Osteoglossiformes
骨舌鱼科 Osteoglossidae

基本饲养信息：

24 ~ 30

120 cm

5.5 ~ 7.5
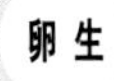
7 ~ 30

自然分布： 南美洲亚马孙河的大部分流域。

饲养历史： 1990年前后引进到香港地区，随后进入大陆，在整个亚洲国家比较受欢迎。

饲养要点： 吞食小鱼，需要用大型水族箱饲养，同种间打斗激烈，必须同时饲养5条以上方可避免打斗。

繁殖： 雄鱼口孵鱼卵，在东南亚渔场有繁殖。但贸易个体主要依靠原产地季节性捕捞。

变种与人工培育：

白化型

海象鱼

Arapaima gigas

骨舌鱼目 Osteoglossiformes
骨舌鱼科 Osteoglossidae

基本饲养信息：

22～30

500 cm

6.0～7.2

5～30
卵生

自然分布：南美洲亚马孙河全流域，是世界上最大的淡水鱼。

饲养历史：1990 年后随着银龙一起引进到中国。

饲养要点：非常容易饲养，个体大，可以生长到 5 米，水族箱内只能饲养 2 米以下的幼体，成体要放到池塘里。力量大，善于跳跃，能跳出水族箱，甚至会撞碎水族箱玻璃。

繁殖：东南亚渔场的池塘中有繁殖记录，贸易主要依靠原产地季节性捕捞。

亚洲龙鱼

Scleropages formosus

骨舌鱼目 Osteoglossiformes
骨舌鱼科 Osteoglossidae

基本饲养信息：

24 ~ 30

80 cm

5.5 ~ 7.2

7 ~ 30

自然分布：马来西亚、印度尼西亚和中南半岛的一些地区。

饲养历史：自 1975 年开始被作为观赏鱼在原产地饲养，之后出口的中国香港和台湾地区，1990 年后作为风水鱼在华人地区有很好的影响力。1997 年后价格一路飙升，现在很多不喜欢鱼的人，也会饲养它们来显耀身份和财富。

饲养要点：虽然昂贵但容易饲养，因为鳞片大、侧线系统发达，不能忍受水温突然变化，换水时要将水温调整到和水族箱内水温一样后，再操作。吃小鱼、虾，但更爱吃昆虫和青蛙。

繁殖：该物种和所有亚种都受到保护，贸易个体是东南亚渔场繁殖的子二代。目前，繁殖数量很大。

亚洲龙鱼的不同地域亚种

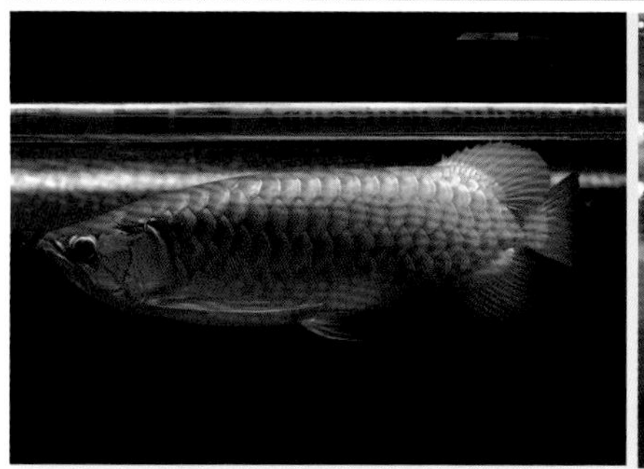
超级红龙（印度尼西亚）

辣椒红龙（印度尼西亚）

橘红龙（印度尼西亚）

过背金龙（马来西亚）

过背金龙（马来西亚）

青龙（越南、泰国、缅甸）

星点龙鱼

Scleropages Leichardti

骨舌鱼目 Osteoglossiformes
骨舌鱼科 Osteoglossidae

基本饲养信息：

24～30　60 cm

6.0～7.5　10～35

自然分布：澳大利亚。

饲养历史：从1990年后引进到中国，但一直没有受到关注。

饲养要点：攻击性强，同种和非同种的鱼都攻击，攻击往往致其于死地。因此，很少有人喜欢饲养这种鱼，必须单独饲养。

繁殖：澳大利亚每年有大量的人工繁殖个体用于野外放流，配额出口的数量也非常多。

古代蝴蝶鱼

Pantodon buchholzi

骨舌鱼目 Osteoglossiformes
齿蝶鱼科 Notopteridae

基本饲养信息：

26 ~ 30

12 cm

6.0 ~ 7.0

7 ~ 15
卵生

自然分布：非洲西部的河流中。

饲养历史：自 1990 年后作为西非的观赏鱼每年季节性出口到世界各地。

饲养要点：吞吃小鱼，喜欢群居，单独饲养 1 条很难成活。能利用胸鳍飞跃出水面，饲养水族箱必须加盖。喜欢弱酸性软水，不能接受人工饲料。

繁殖：依靠原产地季节性捕捞。

七星刀鱼

Notopterus chitala

骨舌鱼目 Osteoglossiformes
驼背鱼科 Notopteridae

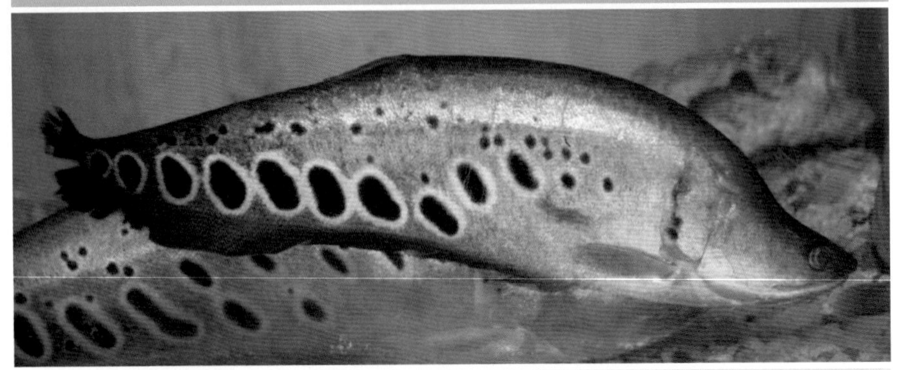

基本饲养信息：

18 ~ 32

50 cm

6.0 ~ 7.5

10 ~ 40
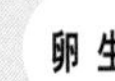

自然分布： 泰国、缅甸、印度的静水河流中。

饲养历史： 1980 年后作为观赏鱼引进到中国，当时习惯和地图鱼配合饲养在一起。

饲养要点： 夜行性，白天一般不运动。贪吃，生长速度快。有特殊的迷路器官，可以直接吞咽空气，不怕水中缺氧，容易饲养，但需要大型水族箱。

繁殖： 在海南、广东的渔场池塘中有大量繁殖，作为食用鱼，肉质很差。

变种与人工培育：

白化型

象鼻鱼

Gnathonemus petersii

骨舌鱼目 Osteoglossiformes
象鼻鱼科 Mormyridae

基本饲养信息：

24 ~ 30

15 cm

5.8 ~ 7.2

7 ~ 30
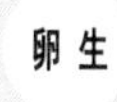

自然分布：西非刚果河流域。

饲养历史：因为该鱼对水质变化敏感，水质突变时会释放微弱的电流。1990 年前后作为实验动物引进到欧洲。1995 年左右传入中国。

饲养要点：不接受人工饲料，只吃水生昆虫的幼虫（红虫）。成群生活，饲养数量太少则不容易成活。

繁殖：依靠原产地季节性捕捞。

反天刀鱼

Gymnarchus Niloticus

骨舌鱼目 Osteoglossiformes
裸臀鱼科 Gymnarchidae

基本饲养信息：

22 ~ 30

100 cm

5.8 ~ 7.5

10 ~ 35
卵生

自然分布：非洲尼罗河。

饲养历史：1995 年后作为大型观赏鱼引进到中国。

饲养要点：性情凶猛、生长速度快，最好单独饲养，成年后能吞食地图鱼、血鹦鹉等中大型鱼类。

繁殖：依靠原产地季节性捕捞。

魔鬼刀鱼

Apteronotus albifrons

裸背鱼目 Gymnotoidei
无背鱼科 Apteronotidae

基本饲养信息：

24 ~ 30

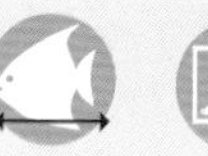
20 cm

5.8 ~ 7.2

10 ~ 30
卵生

自然分布：南美洲的巴西。

饲养历史：因为长相奇特，1995 年后被引进成为观赏鱼。

饲养要点：不能接受人工饲料，只吃红孑孓等昆虫幼虫，成体后捕食小鱼。尾部能释放微弱电波，传递信号，喜群居，对水质敏感，很难饲养长久。

繁殖：依靠原产地季节性捕捞。

金恐龙鱼

Polypterus senegalus

多鳍鱼目 Polypteriformes
多鳍鱼科 Polypteridae

基本饲养信息：

22 ~ 30

30 cm

6.8 ~ 7.5

10 ~ 50

自然分布：非洲大部分芦苇池塘中。

饲养历史：是古老的鱼类，最早作为公众水族馆科普教学鱼类引进到欧洲和美国，1990 年后引入中国。

饲养要点：生长速度快，吞吃小鱼。对水质没有特殊要求，但不爱游泳。通常人们以猎奇的心理购买，不了多久就抛弃了。

繁殖：有很高的科研价值，国内外一些研究机构有大量繁殖，实验剩余品流入市场。

草绳恐龙鱼

Erpetoichthys calabaricus

多鳍鱼目 Polypteriformes
多鳍鱼科 Polypteridae

基本饲养信息：

22 ~ 30

30 cm

6.8 ~ 7.5

10 ~ 50
卵生

自然分布：非洲尼日利亚的奥贡河口到在刚果布拉柴维尔的希卢安果（Chiloango）河流域。

饲养历史：2000 年后传入中国的奇特观赏鱼。

饲养要点：容易饲养，活跃，如蛇状在水中游泳，容易跳出水族箱。不吃小鱼，喜吃昆虫和昆虫幼虫，不接受人工饲料。

繁殖：依靠原产地季节性捕捞。

尖嘴鳄（雀鳝）

Lepisosteus oculatus

雀鳝目 Lepisosteiformes
雀鳝科 Lepisosteidae

基本饲养信息：

16 ~ 32

120 cm

6.8 ~ 7.8

10 ~ 50

自然分布：美国。

饲养历史：1985 年作为食用鱼引进到中国，但不受欢迎。1995 年后部分幼体成为观赏鱼，目前有多个种和亚种在观赏鱼市场中流通。

饲养要点：大型的凶猛鱼类，有时会咬人。对水温、水质适应能力广泛，不具有领地性，可以和大型鱼混养。

繁殖：性成熟非常缓慢，主要依靠进口。

珍珠魟鱼

Potamotrygan motoro

燕魟目 Myliobatiformes

江魟科 Potamotrygonidae

基本饲养信息：

25 ~ 30

60 cm

5.5 ~ 6.8

5 ~ 30
卵胎生

自然分布： 南美洲亚马孙河流域。

饲养历史： 2000 年后从南美洲引进到台湾和香港地区，2003 年后传入大陆。

饲养要点： 对水质波动非常敏感，新鱼入缸和换水时要格外注意，尽量减少新水刺激和水质波动，在稳定的条件下非常容易饲养。

繁殖： 胎生，成熟后在水族箱中自然交配，雌鱼直接产出小鱼，在雌鱼产仔的同时，雄鱼再次与其交配。

黑白魟鱼

Potamotrygon leopoldi

燕魟目 Myliobatiformes
江魟科 Potamotrygonidae

基本饲养信息：

25 ~ 30

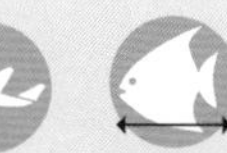
80 cm

5.8 ~ 7.0

6 ~ 30
卵胎生

自然分布：南美洲巴西欣古河流域。

饲养历史：2005 年前后作为观赏鱼引进到东南亚各国，2007 年传入中国。是最热门的淡水魟鱼。

饲养要点：同珍珠魟。

繁殖：同珍珠魟，目前多数经销商仅出售雄性。雌性价格极高。

帝王魟鱼

Potamotrygon sp.

燕魟目 Myliobatiformes
江魟科 Potamotrygonidae

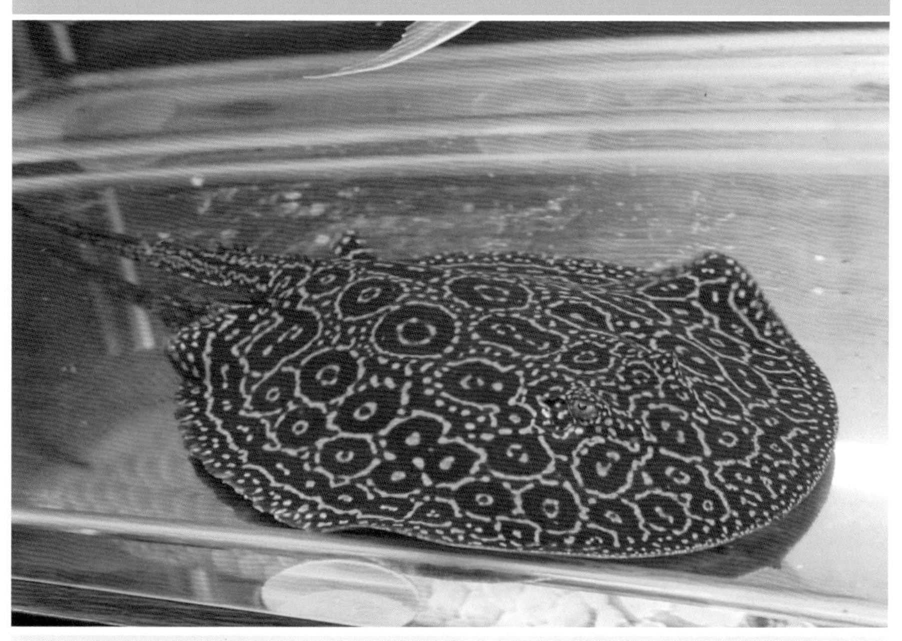

基本饲养信息：

25 ~ 30

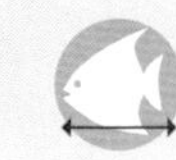
80 cm

5.5 ~ 7.0

6 ~ 30

自然分布： 南美洲亚马孙河流域。

饲养历史： 未定名物种，2007 年后传入中国的大型魟鱼。

饲养要点： 同珍珠魟，生长速度快，可以长到很大。

繁殖： 同黑白魟。

枯叶鱼

Monocirrhus polyacanthus

鲈形目 Perciformes
叶鲈科 Polycentridae

基本饲养信息：

25 ～ 30

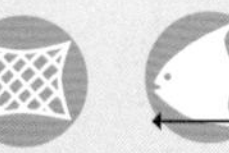
8 cm

5.5～6.8

0～12
卵生

自然分布：南美洲亚马孙河支流，圭亚那河的静水中。

饲养历史：是一种展示在公众水族馆的科普动物，是动物拟态的代表物种，2000 年后，有野生个体从原产地输出到世界各国。

饲养要点：饲养困难，对水质变化敏感，需要弱酸性软水饲养，用红绿灯鱼或斑马鱼喂养。胆小，容易受到惊吓。

繁殖：贸易个体全部靠野外捕捞。

泰国虎鱼

Datnioides microlepis

鲈形目 Perciformes
松鲷科 Lobotidae

基本饲养信息：

24 ~ 30

40 cm

6.0 ~ 8.0

10 ~ 30

卵生

自然分布：泰国的溪流和河流中。在加里曼丹岛、苏门答腊岛也有亚种或地域型分布。栖息于河岸边水流较急的水域。

饲养历史：曾是泰国高档食用鱼，因为野生资源日益减少，目前已濒危，该鱼受到保护。1990 年曾引进到中国。2005 年后传入的个体，都是东南亚其他国家养殖场的鱼苗。

饲养要点：容易饲养，吞吃小鱼，但却很胆小，受到惊吓后，就躲藏到水族箱的角落里。喜欢躲藏在洞穴中，如果在水族箱中放入花盆，它们会长久躲藏在里面。

繁殖：有水族箱中繁殖成功的记录，但不多见，贸易个体依赖从东南亚进口。

黄鳍鲳鱼

Monodactylus argenteus

鲈形目 Perciformes
银鳞鲳科 Monodactylidae

基本饲养信息：

20 ~ 30

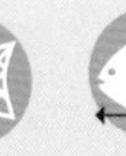
18 cm

7.0 ~ 8.2
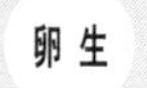

30 ~ 60

自然分布：西印度洋到太平洋诸岛沿海地区以及中国海南和台湾海峡。

饲养历史：海南常见的次经济鱼类，肉质不好，但价格便宜。1990 年后一部分活体被作为观赏鱼销售。

饲养要点：能长久生活在淡水里，但如果用有一定盐分的水来饲养，颜色会更鲜艳。不挑食，成体后捕食小鱼。

繁殖：沿海捕捞数量大。

蝙蝠鲳鱼

Monodactylus sebae

鲈形目 Perciformes
银鳞鲳科 Monodactylidae

基本饲养信息：

20～30

15 cm

7.0～8.2

20～60
卵生

自然分布：非洲沿海地区。

饲养历史：1990年后作为经济鱼类引进，之后幼体流入观赏鱼市场。

饲养要点：喜成群游泳，数量庞大时非常壮观，越大越好看。不挑食，容易饲养，喜欢有盐分的水质，在淡水和海水中都能生存。

繁殖：主要依靠捕捞。

金鼓鱼

Scatophagus argus

鲈形目 Perciformes
金钱鱼科 Scatophagidae

基本饲养信息：

20～30

16 cm

7.0～8.2

20～60

自然分布：西印度洋沿海地区。

饲养历史：海南、广西沿海均产，称为“金钱鱼”，是肉质不错的经济鱼类。从1990年开始捕捞一些小个体作为观赏鱼出售。

饲养要点：容易饲养，幼体可以饲养在淡水里，成体后最好饲养在咸水中。不挑食，吃鱼肉、虾肉、各种饲料、菠菜、白菜等。

繁殖：海南有专门的养殖场，大量供应食用和观赏。

银鼓鱼

Selenotoca multifasciata

鲈形目 Perciformes
金钱鱼科 Scatophagidae

基本饲养信息：

20 ~ 30　　25 cm

卵生

7.0 ~ 8.2　　20 ~ 60

自然分布：印度尼西亚、菲律宾、泰国的沿海地区。

饲养历史：1985 年后曾作为经济鱼类引进，1990 年后幼体作为观赏鱼出售。

饲养要点：成群活动时观赏价值颇高。素食性，可以用白菜叶、海带、紫菜或人工饲料喂养。

繁殖：在海南省有专门的养殖场。

射水鱼

Taxotes jaculator

鲈形目 Perciformes
射水鱼科 Toxotidae

基本饲养信息：

24 ~ 30

25 cm

7.0 ~ 8.0

10 ~ 50

自然分布：东非、斯里兰卡、印度尼西亚、澳大利亚、新几内亚的河口入海处和红树林区域。

饲养历史：因为有射水捕捉昆虫的习性，从 19 世纪开始就是公众水族馆展览的科普动物。1990 年后作为观赏鱼引进到中国。

饲养要点：会从嘴中喷水，击落水面飞过的昆虫。喜欢吃蚯蚓、昆虫幼虫，成体后也吃小鱼。需要饲养在有一定盐分的水中。

繁殖：主要依靠野外捕捞。

大头玻璃鱼

Parambassis pulcinella

鲈形目 Perciformes
双边鱼科 Ambassidae

基本饲养信息：

20～30

8 cm

6.8～7.8

10～30

卵生

自然分布：印度洋沿海的河口地区。

饲养历史：2008 年后才被作为观赏鱼贸易，因为产区广泛，东南亚各国以及中国海南、广西都有捕捞。

饲养要点：容易饲养，不挑食，喜欢鲜活的鱼虫、红虫、蚯蚓等。

繁殖：主要依靠野外捕捞。

玻璃拉拉鱼

Parambassis ranga

鲈形目 Perciformes
双边鱼科 Ambassidae

基本饲养信息：

20 ~ 30

5 cm

5.8 ~ 8.0

7 ~ 30

自然分布：印度、缅甸和泰国的半咸水河湖区域。

饲养历史：1980 年前后作为观赏鱼引进到中国。

饲养要点：容易饲养，喜欢吃活饵，对人工饲料的接受程度不佳。生长速度慢，喜欢生活在有一定盐分的水中。

繁殖：成熟后能在水族箱中自然繁殖，产浮性卵。

小蜜蜂鱼

Brachygobius doriae

鲈形目 Perciformes
虾虎鱼科 Gobiidae

基本饲养信息：

3 cm

卵生

自然分布：东南亚的沿海地区。

饲养历史：从1990年后被捕捞作为观赏鱼贸易，同时期引进到中国。

饲养要点：是咸水鱼，不能在淡水中长久存活。有些个体能转水成功，适应淡水生活，但成功率不超过30%。在酸性水中身上的黄色明显，碱性水中容易变成全黑色。

繁殖：主要依靠野外捕捞。

千手观音鱼

Polynemus paradiseus

鲈形目 Perciformes
马鲅科 Polynemidae

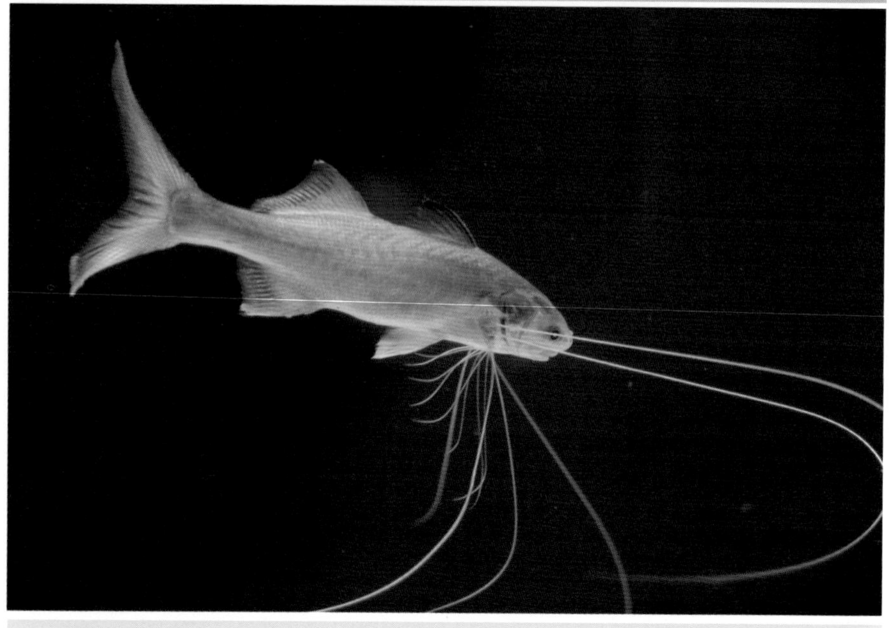

基本饲养信息：

18 ~ 28

30 cm

7.0 ~ 8.2

20 ~ 60
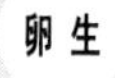

自然分布： 巴基斯坦、印度西岸、斯里兰卡、孟加拉湾和越南等区域。

饲养历史： 是一种沿海经济鱼类，水产名称"长指马鲅"。幼体具有长丝的腹鳍，在 2003 年前后被作为观赏鱼出售。

饲养要点： 在淡水中能存活，但不能生长，很难有人成功饲养超过 1 年。吃鱼虫、红虫和各种贝类。

繁殖： 依靠野外捕捞。

火龙鱼（刺鳅）

Mastacembelus erythrotaenia

合鳃目 Synbranchiformes
刺鳅科 Mastacembelidae

基本饲养信息：

22 ~ 32

35 cm

6.5 ~ 7.5

10 ~ 30
卵生

自然分布：巴基斯坦、印度等国的河流中。

饲养历史：1990 年后作为观赏鱼引进到中国，长江水系原生的大刺鳅鱼也一并成为了另类观赏鱼。

饲养要点：容易饲养，但饲养时不能用手捕捉，其口前刺非常锋利，会造成严重伤害和感染。

繁殖：依靠野外捕捞。

银针鱼

Dermogenys siamensis

鹤鱵目 Beloniformes
鱵　科 Hemiramphidae

基本饲养信息：

20 ~ 30

6 cm

6.5 ~ 8.0

20 ~ 40

自然分布：泰国、缅甸的半咸水湖泊中。

饲养历史：自 1992 年后作为观赏鱼引进到中国。

饲养要点：小性肉食鱼类，喜欢有一定盐分的饲养水。能捕食水面停留的昆虫。喜欢吃鲜活饵料，对人工饲料不感兴趣。

繁殖：成熟后能在水族箱中自然繁殖，产卵于漂浮在水面的水草丛中。

巧克力娃娃

Carinotetraodon travancoricus

鲀形目 Tetraodontiformes
四齿鲀科 Tetraodontidae

基本饲养信息：

24 ~ 30

4 cm

5.5 ~ 7.8

5 ~ 40

自然分布： 印度的河口地区。

饲养历史： 自 2005 年后作为观赏鱼引进，因为娇小而喜欢捕食甲壳动物，一直被作为水草水族箱中清理螺类的工具鱼。

饲养要点： 虽然是咸水鱼类，但能使用淡水，甚至是硬度很低的水，游泳速度缓慢，有时会撕咬其他鱼的鳍。

繁殖： 主要依靠野外捕捞。

绿娃娃鱼

Auriglobus modestus

鲀形目 Tetraodontiformes
四齿鲀科 Tetraodontidae

基本饲养信息：

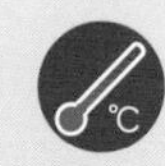
24 ~ 28

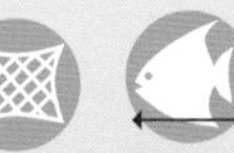
15 cm

6.8 ~ 7.8

20 ~ 40
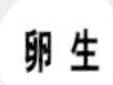

自然分布：东南亚沿海。

饲养历史：2010 年后被作为观赏鱼引进到中国，其他国家引进时间不详。

饲养要点：喜欢有一定盐分的饲养水，成群活动，游泳时非常美丽，聪明，会躲避渔网，能接受大多数饵料。

繁殖：主要依靠野外捕捞。

皇冠狗头
Tetraodon mbu

鲀形目 Tetraodontiformes
四齿鲀科 Tetraodontidae

基本饲养信息：

24 ~ 30

25 cm

5.5 ~ 7.5

5 ~ 30
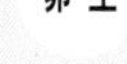

自然分布： 西非刚果河下游到入海口地区。

饲养历史： 2005 年后作为观赏鱼从原产地输出到世界各国，之前有少量作为科研动物出口。

饲养要点： 大型淡水河豚，容易饲养，但非常凶猛。只能单独饲养在一个水族箱里。它们吃小鱼，咬大鱼，同种打架，被别的鱼咬伤了还能放毒。喜欢幽暗的环境，在明亮的光线下紧张。

繁殖： 主要依靠野外捕捞。

木瓜狗头鱼

Tetraodon miurus

鲀形目 Tetraodontiformes
四齿鲀科 Tetraodontidae

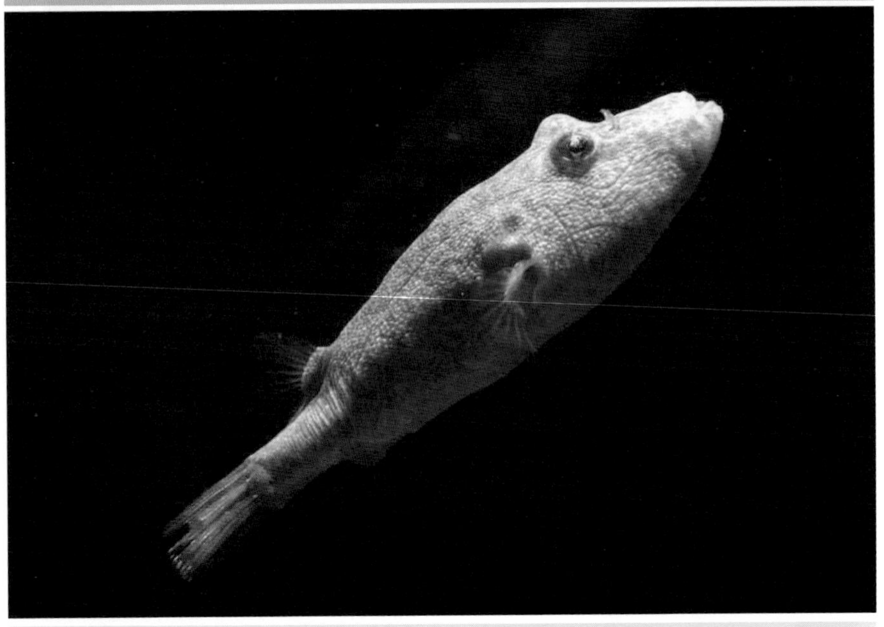

基本饲养信息：

24 ~ 30

18 cm

5.5 ~ 7.0

5 ~ 30

自然分布：非洲刚果河、尼罗河中。

饲养历史：作为鱼类收集爱好者喜欢的珍奇鱼类，2005 年后从原产地引进到中国。

饲养要点：喜欢弱酸性水质环境，但却不爱运动，时常趴伏在水族箱底部。爱吃贝壳类和虾，也捕食小鱼，攻击性强，宜单独饲养。对人工饲料不感兴趣。

繁殖：依赖野外捕捞，市场需求小。

潜水艇鱼

Tetraodon nigroviridis

鲀形目 Tetraodontiformes
四齿鲀科 Tetraodontidae

基本饲养信息：

16 ~ 32

10 cm

6.5 ~ 8.0

20 ~ 50
卵生

自然分布：中国南部沿海以及泰国，印度尼西亚，马来西亚等地的河流入海口。

饲养历史：野生在海边的一种古怪小鱼，从1990年前后，无意被人们捕捞来当观赏鱼出售，从此每年夏天市场上都有供应，很便宜。

饲养要点：喜欢半咸水环境，不能和其他鱼饲养在一起，它们撕咬鱼鳍，啃咬鱼肉，是十分凶猛。对人工饲料不感兴趣，如果饲养不小心，会咬到人手。

繁殖：每年春季和夏季捕捞。

后记

书不尽言，

更多新知，请关注馨水族工作室……

www.newaqua.cn

官方微博：馨水族

参考文献

Rudiger Riehi.2005.Baensch aquarium Atlas 1.Germany.MERGUS.

Ad Konings.2003.Back to Natuze Guide to Malawi cichlids.USA.Fohrman Aquaristik AB.

Ingo Seidel.2008.Back to Natuze suide to L-Catfishes.USA.Fohrman Aquaristik AB.

Ad Konings.2005.Back to Natuze Guide to Tanganyika cichlids.USA.Fohrman Aquaristik AB.

Anton Lamboj.2004.The cichlid fishes of Western Africa.USA.Birgit Schmettkamp Verlsg.

李振德 .2012. 感悟金鱼 . 北京 . 化学工业出版社 .

白明 .2013.《水族世界》水族馆的革命 . 北京 . 中国水产杂志社 .

白明 .2011.《水族世界》风水鱼 . 北京 . 中国水产杂志社 .